Ioana Stanciu

Reologia de extractos de frutos e vegetais

Ioana Stanciu

Reologia de extractos de frutos e vegetais

ScienciaScripts

Imprint

Cover image: www.ingimage.com

This book is a translation from the original published under ISBN 978-620-7-46286-5.

Publisher:
Sciencia Scripts
is a trademark of
Dodo Books Indian Ocean Ltd. and OmniScriptum S.R.L publishing group

120 High Road, East Finchley, London, N2 9ED, United Kingdom
Str. Armeneasca 28/1, office 1, Chisinau MD-2012, Republic of Moldova, Europe
Printed at: see last page
ISBN: 978-620-7-61856-9

CONTENTE

Introdução

Veja aqui os benefícios dos sucos naturais, quais são as frutas e verduras mais indicadas para serem transformadas em deliciosas bebidas em casa, algumas receitas simples e o que significa uma cura desintoxicante com suco natural.

Os benefícios dos sucos naturais são basicamente os mesmos das frutas e vegetais com os quais são preparados. Porém, o processo de espremer agrega outras qualidades às bebidas. Você pode combinar vários tipos de frutas e vegetais, pode tirar a casca e, por último mas não menos importante, uma bebida é mais fácil de consumir – e digerir – do que frutas e vegetais em seu estado natural. Aqui estão os benefícios mais importantes do consumo de sucos naturais:

Os sucos obtidos de vegetais talvez sejam menos apreciados, principalmente pelo sabor. Muitas pessoas preferem combinar vegetais com frutas, para mudar o sabor do suco, mas isso não significa que os vegetais não sejam saudáveis. Aqui estão alguns dos vegetais mais "espremidos":

Aipo - é um dos vegetais preferidos nos sumos naturais, pelas suas substâncias ativas: sais minerais e vitaminas A, B e C. Todo este pacote benéfico para o corpo ajuda, entre outras coisas, a reduzir os níveis de colesterol, reduzir a inflamação e proteger o fígado.

Gengibre – é utilizado principalmente como tempero na alimentação, mas a raiz desta planta aromática é repleta de substâncias que combatem a inflamação, eliminam a sensação de enjoos, auxiliam na digestão e contribuem para a saúde geral do corpo. Além disso, o sabor levemente picante do gengibre dará um aroma delicioso a qualquer suco natural que você queira preparar em casa.

Salsa – é uma planta que contém grandes quantidades de vitaminas e minerais essenciais para o nosso sistema imunológico e combate com sucesso a ação nociva dos radicais livres, fortalecendo o sistema imunológico.

Couve - também é cultivada há vários anos na Roménia, mas pode ser comprada em qualquer supermercado. Contém grandes quantidades de folatos, minerais e vitaminas A, C e K. É frequentemente encontrado em receitas de sucos naturais, justamente pelos efeitos benéficos que tem no sistema imunológico.

Cenoura - Se você não tem uma fruta doce para colocar no espremedor quando quiser fazer um suco natural de vegetais, que - sejamos sinceros - nem sempre tem o melhor sabor, pode usar a cenoura com segurança. Seu suco tem sabor adocicado e, além disso, contém betacaroteno, composto famoso por seus efeitos benéficos ao organismo: protege as artérias, elimina bactérias do trato intestinal, combate infecções e fortalece o sistema imunológico.

Tomates - embora, do ponto de vista botânico, os tomates sejam frutas, neste artigo os classificamos como vegetais. A sua popularidade é indiscutível e merecida: além de vitaminas e minerais, contêm um composto químico chamado licopeno, que tem efeitos benéficos para o coração e contribui para reduzir o risco de cancro.

Alho – contém alguns dos antibióticos naturais mais fortes e é um vegetal com efeitos antiinflamatórios. É recomendado em combinações de sucos naturais para pessoas com resfriado ou gripe.

Embora seja claro que quase qualquer fruta pode ser usada para preparar um copo de suco natural – desde que a casca não seja muito dura ou contenha água suficiente –, algumas são de longe as estrelas de qualquer receita de suco natural. Aqui estão os mais usados:

Maçãs – já são famosas pelas elevadas quantidades de antioxidantes que contêm, que ajudam a melhorar o sistema imunitário e a reduzir os níveis de colesterol. A maçã está entre as preferidas em muitas receitas de sucos naturais, até porque pode ser usada em combinação com diversos vegetais, melhorando o sabor do suco.

Abacaxi - contém enzimas que auxiliam na digestão e, usado em combinação com outras frutas ou vegetais, tem efeito antiinflamatório, antiviral e mantém as bactérias sob controle. É preciso ter uma coisa em mente: opte pelo abacaxi fresco, não pelo enlatado.

Frutas silvestres - esta categoria inclui framboesas, amoras, groselhas e morangos, cada fruta com seus próprios efeitos benéficos. Todos contêm altos níveis de antioxidantes e ajudam o corpo a combater bactérias. Por outro lado, as groselhas combatem a diarreia, os morangos contribuem para a saúde do sistema cardiovascular e as framboesas ajudam nas cólicas menstruais.

Frutas cítricas – são de longe as frutas mais apreciadas e utilizadas em sucos naturais, sejam elas utilizadas junto com outras frutas e vegetais ou não. Contêm altos níveis de vitamina C e substâncias ativas, incluindo carotenóides e bioflavonóides. Ajudam a reduzir a tensão, têm efeito antiviral e antibacteriano e conferem um sabor excelente a qualquer suco feito em casa.

I. Tecnologias de preservação e industrialização de hortaliças e frutas

Em geral, os procedimentos de conservação de alimentos (aqui estão incluídos tanto os vegetais como os frutos resultantes da operação de colheita) podem ser classificados de acordo com os princípios biológicos que lhes estão subjacentes, nomeadamente:

- biose ou conservação de produtos frescos;
- a anabiose ou princípio biológico da vida latente, baseia-se na desaceleração dos fenómenos vitais tanto dos produtos como dos microrganismos nocivos;
- cenoanabiose, consiste em garantir condições favoráveis ao desenvolvimento de determinados microrganismos com ação bacteriostática ou processos de maturação bioquímica;
- abiose ou falta de vida, consiste na destruição de microrganismos em produtos através de agentes externos.

O estado de anabiose de um produto alimentar pode ser alcançado pelos seguintes meios:

a) físico

- refrigeração (psicroanabiose) e que consiste em manter os produtos a baixas temperaturas, acima do ponto de congelamento;
- congelamento (crioanabiose), consiste em congelar parte da água contida no produto;
- a secagem (xeroanabiose), implica uma diminuição do teor de água do produto, abaixo do limite necessário para o desenvolvimento dos processos vitais dos agentes biológicos;
- a salga (haloosmoanabiose) provoca um aumento da pressão osmótica através da desidratação parcial dos microrganismos;
- a sacarificação ou adição de açúcar (saccroosmoanabiose), baseia-se na realização do fenômeno da plasmólise;

b) químico

- acidificação artificial, utilizando ácido acético (acidoanabiose);
- armazenamento em espaços com gases inertes como CO_2 ou N_2 (anoxianabiose);
- armazenamento em espaços sob pressão de dióxido de carbono (narcoanabiose);

O estado de cenoanabiose de um produto alimentar pode ser alcançado da seguinte forma:

- por salga fraca (halocenoanabiose);
- por acidificação natural, resultante da fermentação láctica (acidocenoanabiose);
- com produtos fermentados alcoólicos (alcoolcenoanabiose).

O estado abiótico de um produto alimentar é obtido pelos seguintes meios:

a) mecânica
- filtração estéril, utilizando técnicas de membrana (sestoabíase);
- manutenção em ambiente asséptico (aseptoabíase);
b) físico
- pasteurização e esterilização térmica, utilizando calor através de técnicas clássicas ou com auxílio de radiação infravermelha, microondas, através de aquecimento ôhmico, aquecimento indireto com efeito Joule, etc. (termobiose);
- pasteurização e esterilização com radiação gama, radiação ultravioleta, elétrons acelerados (radioabíase);
c) químico
- tratamentos com antissépticos (antisseptoabíase);
- tratamentos com antibióticos.

Os produtos alimentares conservados segundo os princípios da anabiose e da cenoanabiose garantem períodos de conservação limitados, determinados pela própria ação dos conservantes utilizados.

A preservação baseada no princípio da abiosia confere aos produtos alimentares a maior duração

armazenamento, teoricamente ilimitado. No entanto, uma série de alterações químicas que ocorrem nos produtos ou nas interações entre os vários constituintes, levam a uma limitação no tempo do seu armazenamento.

I.1. Tecnologias de preservação a frio de vegetais e frutas

A grande variedade e complexidade dos produtos alimentares de origem vegetal é determinada, do ponto de vista físico-químico, pelo facto de poderem estar presentes desde a fase completamente líquida até à fase completamente sólida, desde simples soluções aquosas até dispersões coloidais complexas. . A redução da temperatura retarda ou bloqueia as principais alterações que ocorrem durante o armazenamento.

A utilização de tecnologias de refrigeração permite garantir ótimas condições de armazenamento, transporte e distribuição de vegetais e frutas, com perda mínima de nutrientes.

Ao mesmo tempo, registra-se baixo consumo de energia e materiais auxiliares, em comparação com outras tecnologias de conservação.

Na prática, três métodos de conservação a frio são utilizados na indústria alimentar, nomeadamente refrigeração, congelação e liofilização.

A utilização correta de tecnologias de conservação a frio de vegetais e frutas requer um bom conhecimento das suas propriedades físicas e químicas, bem como da forma como reagem à queda de temperatura.

Dependendo da sua estrutura, os produtos de origem vegetal podem ser: estruturas com células intactas (todos os vegetais e frutas frescas), com células completamente destruídas (purês ou massas de vegetais e frutas) ou com células parcialmente destruídas (sucos de vegetais e frutas).

As propriedades termofísicas dos produtos alimentares de origem vegetal são decisivas para o cálculo da necessidade de frio e para o estabelecimento dos parâmetros tecnológicos de arrefecimento e congelação.

Devido à complexidade da estrutura, à forma como a água se liga e ao caráter das forças de ligação entre os constituintes, as propriedades termofísicas apresentam valores com grandes faixas de variação.

As principais propriedades termofísicas são: densidade, calor de massa específica, calor solidificação latente específica, entalpia específica, condutividade térmica e difusividade.

O calor específico de massa de um produto alimentar representa a razão entre a quantidade de calor Q necessária para ser transferida a um produto de massa m, para alterar a sua temperatura em ΔT, sob certas condições e sem alterar o estado de agregação:

$$c_p = \frac{Q}{m \cdot \Delta T} [\mathrm{kJ/kg} \cdot K] (1.1)$$

Quando o produto alimentar é constituído por n componentes, tendo o componente i a participação de massa $\mu_i = m_i / m$ e o calor específico c_{Pi}, o calor específico do produto pode ser calculado com a relação:

$$c_p = \sum_{i=1}^{n} \mu_i \cdot c_{\mathrm{pi}} = \mu_1 \cdot c_{p1} + \mu_2 \cdot c_{p2} + \ldots\ldots + \mu_n \cdot c_{\mathrm{pn}} (1.2)$$

A Tabela 1.1 mostra valores de calor específico de massa para diversos produtos alimentícios vegetais, para diferentes temperaturas.

O calor específico latente de solidificação de um produto alimentício varia diretamente proporcional à participação da água no produto μa [kg água/kg produto], conforme a relação:

$$\rho_{l_s} = 333.1 \cdot \mu_a [\text{kJ/kg}] (1.3)$$

onde 333,1 representa o calor latente de solidificação da água [kJ/kg]. Os valores do calor específico latente de solidificação estão entre 217-318 [kJ/kg] na maioria dos vegetais e entre 250-305 [kJ/kg] para a maioria das frutas.

A entalpia específica é uma quantidade térmica de estado, com a qual se determina a necessidade de frio nos processos tecnológicos de resfriamento de produtos alimentícios. Se um produto de massa m [kg] com temperatura T_0 [K] for resfriado até a temperatura T_1, então a quantidade de calor a ser extraída do produto será:

$$Q = m \cdot (i_0 - i_l) [\text{kJ}] (1.4)$$

Tabela 1.1 . Variação do calor específico da massa com a temperatura para alguns produtos vegetais

Temperatura, °C	Produto (porcentagem de água)						
	ervilhas verdes (80%)	cenoura (88%)	feijões verde (68,6%)	tomate (94,8%)	maçãs (83,7%)	pêssegos (89,6%)	morangos (90,9%)
10	3,43	3,89	3.27	3,68	3,73	3,81	4.02
4	3,43	3,89	3.27	3,68	3,73	3,81	4.02
-12	3,81	4.10	2,85	3.31	4,48	4.27	3,85
-18	2,93	2,97	2.13	2,60	2,89	3.22	2,85
-23	2,47	2,43	1,76	2.18	2.22	2,60	2,43
-29	2.18	2.13	1,55	1,97	1,93	2.22	2.22
-34	2.01	1,97	1,51	1,80	1,80	1,93	2.13
-40	1,88	1,84	1,51	1,67	1,76	1,72	2.09

Tabela 1.2. Características termofísicas dos vegetais

produtos	condutividade garrafa térmica λ, C/mK	calor específico cp , J/kg.K	difusividade garrafa térmica a 10^8, m^2/s	temperatura de geada °C
Batatas	0,592-0,626	3605-3640	15,8-16,6	-1,2
Cenoura	0,584-0,625	3725-3850	16,2-16,9	-1,8
Beterraba	0,603-0,630	3645-3850	16,4-17,2	-1,6
Repolho	0,986-1,321	3680-3940	27-32	-0,9
Beringelas	0,364-0,375	3815-3960	11,5-12,2	-0,92
Cebola	0,410-0,486	3520-3745	12,7-13,6	-1,62

Pepinos	0,425-0,484	3935-4110	10,8-11,7	-0,8
Ervilha verde	0,260-0,310	3258-3394	12,4-13,1	-1,05
Cogumelos		3762-3941		-1.1
Abóboras		3852-4019		-1,2
Pimenta		3896-3974		-0,8
Tomate	0,563-0,652	3925-4036	13,8-14,7	-0,85
Vagens de feijão		3710-3864		-1,35
Alho		3110-3250		-2,57
Salada		3987-4120		-0,68
Rabanete		3932-4053		-1,05

onde i_0e $i_1$são as entalpias específicas (J/kg) correspondentes às temperaturas T_0e T_1. Se um produto é composto por n componentes, tendo o componente i a participação em massa μi e a variação de entalpia específica Δ i_i, a quantidade de calor que deve ser extraída de 1 kg de produto é igual à variação de entalpia específica do produto Δi p e é determinado pela relação:

$$\Delta i_p = \sum_{i=1}^{n} \mu_i \cdot \Delta i_i$$

(1.5)

Se forem conhecidas as temperaturas inicial (T_0), de solidificação (T_s) e final (T_1), o calor latente de solidificação ρ_se os calores específicos de massa dos intervalos T_0- T_se T_s- T_1, então a entalpia específica do elemento i é determinada com a relação:

$$\Delta i_i = c_{p_0}(T_0 - T_s) + \rho_s + c_{p1}(T_s - T_1)(1.6)$$

A condutividade térmica dos produtos alimentares diminui com a temperatura, até à zona de solidificação, altura em que ocorre uma diminuição repentina, seguida de um ligeiro aumento à medida que a temperatura aumenta. Em geral, para produtos de origem vegetal, a condutividade térmica apresenta valores entre 0,396-0,670 [W/mK] em temperaturas superiores a 0 ⁰ C, entre 0,381-1,256 [W/mK] em temperaturas entre 0 ⁰ C ....-10 ⁰ C e entre 0,328-1,122 [W/mK] em temperaturas entre -10 ⁰ C ....-20 ⁰ C.

Tabela 1.3 . Características termofísicas de frutas

produtos	condutividade garrafa térmica λ, C/mK	Calor específico c_p, J/kg.K	difusividade garrafa térmica a $\cdot 10^8$, m^2/s	temperatura de geada °C
Damascos	0,654-0,845	3349-3864	14,3-15,4	-2,56
Cerejas	0,514-0,612	3710-3854	14,5-16,1	-2,57
Morangos	0,610-0,822	3802-3854	14,3-16,1	-1,0
Marmelo	0,485-0,593	3654-3725	14,0-15,8	-2.1
Maçãs	0,364-0,586	3642-3768	14,2-16,7	-1,98
Melancia		3768-3935	14,0-16,0	-1,3
Cantalupo		3868-3942	14,0-16,0	-1,3
Ameixas	0,420-0,578	3517-3605	14,9-16,1	-1,7
Pêssegos	0,491-0,596	3589-3674	14,3-16,2	-1,2
Peras	0,495-0,632	3624-3721	14,5-16,5	-2,37
Cereja	0,521-0,630	3321-3745	15,1-16,6	-2,4

A difusividade térmica expressa a inércia térmica do material e é determinada pela relação:

$$a = \frac{\lambda}{\rho} \cdot \frac{m\Delta T}{Q} [m^2/h] (1.7)$$

onde ρestá a densidade do produto.

As Tabelas 1.2 e 1.3 apresentam os valores médios das características termofísicas para as principais variedades de hortaliças e frutas.

O estado físico de um fluido é determinado por certas quantidades chamadas parâmetros de estado (temperatura, pressão, volume específico, etc.) que, quando o fluido muda de estado, adquirem novos valores, sofrendo o fluido uma transformação de estado.

A transição de uma substância de um estado de agregação para outro representa uma mudança ou transformação de fase, sendo os valores de pressão e temperatura em que ocorre definindo o estado de saturação.

Se não ocorrer mudança de fase, a quantidade de calor Q trocada por um corpo é proporcional à massa do corpo m, à variação de temperatura ΔT e à natureza do corpo (relação 1.1). O produto m•c_p é chamado de capacidade calórica e representa a quantidade de calor recebida ou perdida pelo corpo para alterar sua temperatura em um grau Kelvin.

Ao mesmo tempo, o calor recebido pelo corpo provoca o aumento da temperatura (sem mudança de fase) e é chamado de calor sensível. Quando ocorre uma mudança de fase através da absorção ou liberação de calor por um corpo, sem produzir variação em sua temperatura, esse calor é denominado calor latente. Assim, o calor necessário para vaporizar uma massa de líquido é denominado calor latente de vaporização, e da mesma forma teremos calor latente de condensação, fusão, solidificação, etc.

A transferência de calor entre dois corpos (ou transferência térmica) ocorre num intervalo de tempo Δτ, sendo o fluxo de calor:

$$\Phi = \frac{Q}{\Delta\tau}[\mathrm{W}]\ (1.8)$$

Se a transferência de calor ocorre através da superfície S (m^2), a densidade do fluxo de calor é definida:

$$q = \frac{Q}{\Delta\tau \cdot S}[\mathrm{L/m^2}]\ (1,9)$$

A condução térmica é a transferência de calor de uma partícula para outra. Para a superfície S [m^2] de uma parede plana e homogênea de espessura δ [m], com temperaturas $T_1 > T_2$ [K] em ambos os lados, o fluxo de calor transmitido por condução Φcond é definido por:

$$\Phi_{\text{cond}} = \lambda \cdot S \cdot \frac{T_1 - T_2}{\delta} \qquad (1.10)$$

onde λ é o coeficiente de condutividade térmica [W/m].

Neste caso a densidade do fluxo de calor é:

$$q_{\text{cond}} = \frac{\lambda}{\delta}(T_1 - T_2)(1.11)$$

A convecção térmica representa a transferência de calor entre um fluido em movimento e a superfície de um corpo sólido com o qual ele entra em contato. Para um sólido com superfície S, temperatura $T_s$na superfície de contato e um fluido com temperatura média T_m< T_s, o fluxo de calor transmitido por convecção Φ_{conv} é:

$$\Phi_{\text{conv}} = \alpha \cdot S(T_s - T_m)(1.12)$$

onde α é o coeficiente de convecção [W/ m^2K].

A convecção térmica pode ser livre ou natural (o movimento do fluido é determinado pelas diferenças de pressão criadas pelas diferenças de temperatura) ou forçada (o movimento do fluido é determinado por causas externas a ele), sendo a transferência de calor tanto mais intensa a velocidade média do fluido é maior.

A radiação térmica tem ondas eletromagnéticas como suporte material, sendo resultado de excitações interatômicas complexas. Neste caso, o fluxo de calor transmitido pela radiação térmica Φ_{rad} entre duas superfícies S_1com T_1, respectivamente S_2com T_2, com $T_1 > T_2$, é definido como:

$$\Phi_{rad} = e_{12} \cdot C_0 \cdot S_1 \left[\left(\frac{T_1}{100}\right)^4 - \left(\frac{T_2}{100}\right)^4 \right] \quad (1.13)$$

onde: e_{12} é o coeficiente de emissão mútuo entre os dois corpos, dependendo da natureza e forma de colocação das superfícies que trocam calor;

C_0– o coeficiente de radiação do corpo negro (C_0=5,667 W/ m^2K^4).

Normalmente na indústria alimentar a transferência de calor entre dois fluidos é feita através de uma parede divisória (fig.1.1). O fluxo de calor neste caso é dado pela relação:

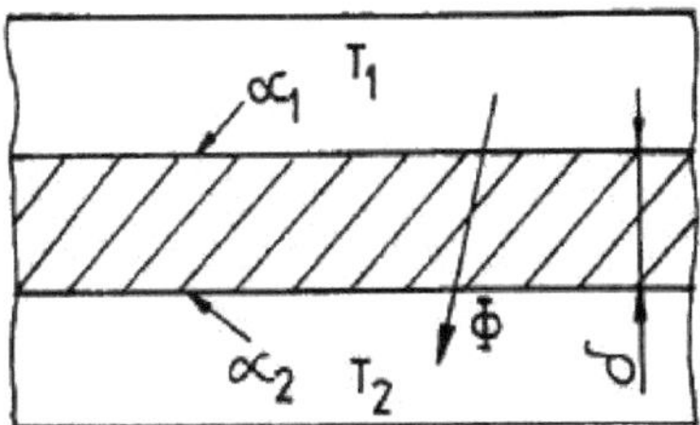

Figura 1.1. Transferência de calor entre dois fluidos separados por uma parede plana homogênea

$$\Phi = \frac{S(T_1 - T_2)}{\frac{1}{\alpha_1} + \frac{\delta}{\lambda} + \frac{1}{\alpha_2}} (1.14)$$

onde α_1 ,α_2 são os coeficientes de convecção térmica nos dois lados da parede e S é a superfície da parede homogênea.

Se k é o denominador da relação (1.14) e é definido como o coeficiente global de transferência de calor [W/ m^2K], então o fluxo de calor torna-se:

$$\Phi = k \cdot S(T_1 - T_2) (1.15)$$

Os processos de obtenção de frio baseiam-se em processos que podem ser classificados da seguinte forma:

a) processos refrigerantes

- em circuito aberto: com gelo, com misturas refrigerantes, por evaporação de água ou outros líquidos, por vaporização de alguns líquidos em saturação;

- em circuito fechado por vaporização de alguns líquidos em saturação: em instalações com compressão mecânica, em instalações com absorção, em instalações com ejetores;

b) processos sem refrigerante: através de fenômenos termoelétricos, fenômenos termomagnéticos, fenômenos termomagnetoelétricos.

O gelo de água e o gelo seco (dióxido de carbono sólido) produzem baixas temperaturas ao absorver o calor latente de fusão (a 0 ^{0} C), respectivamente de sublimação (a -78,9 ^{0} C), ambos à pressão atmosférica. Bons resultados são obtidos quando é assegurada uma superfície de transferência de calor tão grande quanto possível entre o agente de refrigeração e os produtos alimentares.

O nitrogênio líquido, o dióxido de carbono líquido e alguns freons líquidos são usados como agentes de resfriamento por vaporização em sistema aberto, para congelar alguns produtos alimentícios por imersão ou pulverização, para resfriar contêineres, vagões e veículos refrigerados.

As tecnologias de refrigeração na indústria alimentar são servidas, quase exclusivamente, por instalações de refrigeração com compressão mecânica de vapor, cujo diagrama simplificado é apresentado na figura 1.2. A forma como o calor é transportado do produto submetido ao resfriamento para o ambiente está ilustrada na figura 1.3.

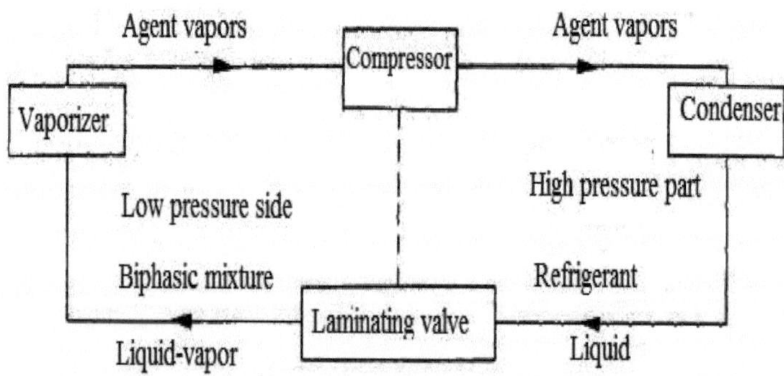

Figura 1.2. Diagrama esquemático da instalação frigorífica com compressão mecânica de vapor

O calor liberado pelo produto alimentício quente Φ_pé absorvido pelo ar com a vazão D_{aer}e transportado para o evaporador onde é transferido para o refrigerante que evapora (sendo o calor trocado no refrigerador de ar Φ_{a-r}). O compressor suga os vapores, comprime-os e empurra-os de volta para o condensador, onde o calor Φc é transferido para o meio de resfriamento do condensador.

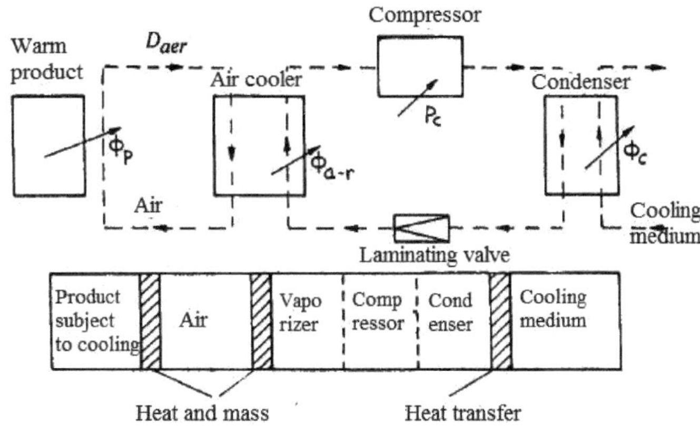

Figura 1.3. Esquema de resfriamento geral simplificado

O processo de refrigeração consiste em resfriar os produtos a temperaturas próximas ao ponto de congelamento, na maioria dos casos a refrigeração é aplicada para a própria conservação dos produtos alimentícios. Pode também ser utilizado com a finalidade de garantir condições óptimas de processos bioquímicos, necessários ao fabrico de alguns produtos, ou pode constituir uma fase preliminar de arrefecimento no caso de tecnologias de congelação de alimentos.

As operações preliminares à refrigeração propriamente dita diferem significativamente consoante a natureza do produto e consistem em: lavagem, triagem, calibração, desinfecção, tratamentos de prevenção de doenças fisiológicas, esterilização, embalagem, etc. os produtos refrigerados e o tamanho dependem da sua correta execução e prazo de validade aceitável.

Os métodos e procedimentos de refrigeração aplicados dependem da natureza e das características físicas do produto, bem como da finalidade a que se destina. Assim, a refrigeração pode ser feita com ar resfriado, com água gelada, no vácuo, com água gelada, em aparelhos com parede divisória.

Como o processo de refrigeração é não estacionário, aceita-se como critério de comparação da intensidade desse processo a velocidade global de resfriamento, definida como a razão entre a queda total da temperatura média do produto e a duração total do processo de refrigeração.

Duração do processo de refrigeração. Do ponto de vista matemático, a resolução do problema da propagação do calor no arrefecimento de um produto alimentar, em regime não estacionário, consiste em determinar os campos de temperatura e as quantidades de calor transmitidas ao longo do tempo, para qualquer ponto do corpo sujeito a resfriamento. Se as temperaturas inicial e final do produto forem conhecidas, resolvendo o problema de propagação de calor, também pode ser determinada a duração do processo de resfriamento. Foram estabelecidos nomogramas com os campos de temperatura e as quantidades de calor extraídas do corpo submetido ao resfriamento segundo dois invariantes, Biot ($Bi = \frac{\alpha_a \cdot \delta}{\lambda}$) e Fourier ($F_0 = \frac{a \cdot \tau}{\delta^2}$) onde a é o coeficiente de difusividade térmica, α_a é o coeficiente de convecção térmica na superfície do produto , e δ é o comprimento característico. Existem também relações simplificadas para cálculo da duração dos processos de resfriamento.

No caso de um corpo pequeno de massa m, superfície externa S e calor específico c_p, para temperatura do ar t_a, a duração do processo de resfriamento desde a temperatura inicial $t_0$até a temperatura final t_f, na qual se assume que não há gradiente de temperatura no interior do corpo, será:

$$\tau = \frac{m \cdot c_p}{\alpha_a \cdot S} \ln \frac{t_0 - t_a}{t_a - t_f} \tag{1.16}$$

Para corpos maiores, onde existe um gradiente de temperatura importante em seu interior, são utilizados dois métodos de cálculo:

a) Método de Rutov

- para um produto em forma de placa com espessura de 2δ [m], resfriado com ar em ambos os lados, o tempo de resfriamento é determinado pela relação

$$\tau = \frac{0.92}{a} \cdot \delta \left(\delta + 2.4 \frac{\lambda}{\alpha_a} \right) \lg \frac{t_0 - t_a}{t_a - t_f} + \frac{0.101}{a} \delta^2 \frac{\delta + 2.4 \frac{\lambda}{\alpha_a}}{\delta + 1.3 \frac{\lambda}{\alpha_a}} \tag{1.17}$$

- para um produto em forma de cilindro circular reto com raio R [m], o tempo de resfriamento é:

$$\tau = \frac{0.383}{a} \cdot R \left(R + 2.85 \frac{\lambda}{\alpha_a} \right) \lg \frac{t_0 - t_a}{t_a - t_f} + \frac{0.084}{a} R^2 \frac{R + 2.85 \frac{\lambda}{\alpha_a}}{R + 2.85 \frac{\lambda}{\alpha_a}} \tag{1.18}$$

- para um produto esférico com raio R, o tempo de resfriamento será

$$\tau = \frac{0.223}{a} \cdot R\left(R + 3.2\frac{\lambda}{\alpha_a}\right)\lg\frac{t_0-t_a}{t_a-t_f} + \frac{0.073}{a}R^2\frac{R+3.2\frac{\lambda}{\alpha_a}}{R+2.1\frac{\lambda}{\alpha_a}} \quad (1.19)$$

nos três casos as restrições deverão ser respeitadas: τ > 0,25· δ^2/a e τ > 0,25 · R^2/a ;

b) o método da meia-vida da diferença de temperatura; a meia-vida Z [h] da diferença de temperatura é o tempo necessário para que a diferença entre a temperatura inicial do produto t $_0$ e a temperatura do ar ta seja reduzida pela metade (τ=0,69/Z). Conhecendo o valor experimental de Z, calcula-se Δt $_0$ = $t_0 - t_a$, que corresponde ao momento inicial de resfriamento το, as durações $\tau_1, \tau_2,\dots \tau_n$ são calculados (figura 1.4):

- as diferenças são calculadas $\Delta t_1 = \frac{\Delta t_0}{2} +$ .... $+ \Delta t_n = \frac{\Delta t_{n-1}}{2}$ o cálculo para naquele valor *n* para o qual $\Delta t_n \leq$t-t_a =Δ t_f;

- é calculado no intervalo ($\tau_{n-1} - \tau_n$) duração do processo de resfriamento:

$$\tau = \tau_n - (\tau_n - \tau_{n-1})\frac{\Delta t_f - \Delta t_n}{\Delta t_n - \Delta t_{n-1}} \quad (1.20)$$

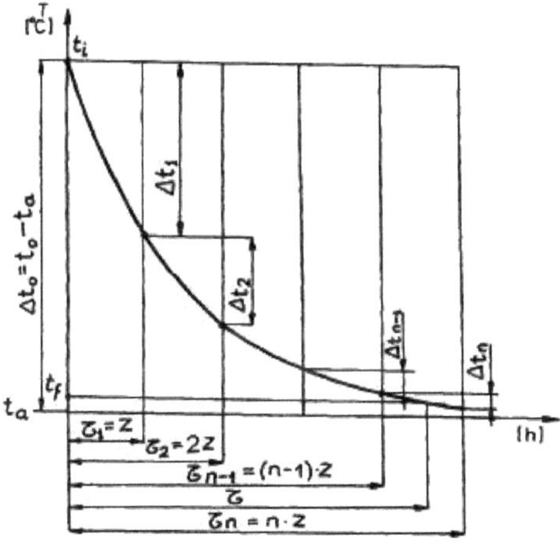

Figura 1.4. Gráfico de cálculo da duração da refrigeração

As perdas de peso no processo de resfriamento de um produto alimentício dependem de vários fatores. Durante um período de tempo em que se possa presumir que as diferenças entre a pressão parcial do vapor de água na superfície do produto p_{vp}e a do vapor de água no ar p_{va}, bem como a diferença entre a temperatura da superfície do produto A colher de chá do produto e a do seu ar são constantes, as perdas de massa de um produto podem ser expressas pela relação:

$$\Delta m = \frac{p_{vp}-p_{va}}{t_{sp}-t_a} \cdot C \cdot \Delta i_p (1.21)$$

onde C é uma constante e Δi_p é a diferença de entalpia inicial e final para o intervalo de tempo considerado.

No caso de armazenamento de produtos refrigerados, as perdas de massa são calculadas com a seguinte relação:

$$\Delta m = \beta \cdot (p_{vp} - p_{va}) \cdot S \cdot \Delta\tau (1.22)$$

onde S é a superfície externa do produto e β é o coeficiente de difusão do vapor d'água na superfície do produto.

A refrigeração por ar resfriado é o método mais difundido, sendo adequado para a maioria dos produtos alimentícios. O processo de refrigeração pode ser realizado de forma contínua, semi-contínua ou descontínua, sendo os principais parâmetros do ar utilizado:

- temperatura: é variável no processo de resfriamento (descontínuo e semicontínuo), apresentando valores mais elevados no início do processo e finalmente atingindo valores 4 ^{0} C ....10 $_0$ C inferiores à temperatura dos produtos refrigerados, respectivamente constantes (processos contínuos), com valores bem inferiores aos do caso anterior;
- velocidade do ar: tem uma importância decisiva em termos da duração do processo de refrigeração, das pesquisas realizadas resulta que esta deve aumentar até um valor limite, acima do qual o consumo de energia aumenta significativamente, e a sua distribuição no espaço de refrigeração deve ser uniforme;
- umidade do ar: influencia na perda de peso dos produtos submetidos ao resfriamento e por isso recomenda-se que a umidade do ar tenha valores tão elevados quanto possível.

A refrigeração com água gelada é realizada por imersão dos produtos, por aspersão ou mistura, sendo a temperatura de resfriamento da água alguns graus acima do ponto de congelamento. Além da alta velocidade de resfriamento, a refrigeração com água gelada também apresenta as vantagens de evitar perda de peso por evaporação, espaços tecnológicos menores e geralmente melhor qualidade dos produtos resfriados em comparação à refrigeração com ar resfriado.

Os processos de resfriamento de água são baseados nos princípios dos trocadores de calor e são divididos em dois grupos:

- resfriamento em circuito aberto: é utilizado principalmente para condensar vapores ou baixar a temperatura de diversos fluidos;

- refrigeração de água em circuito fechado: requer por sua vez o resfriamento da água (que é recirculada) por outra fonte fria.

A refrigeração com gelo de água baseia-se no princípio de absorção do calor necessário para derreter o gelo, calor que é retirado dos produtos submetidos ao resfriamento. Como a duração do processo de resfriamento (transferência de calor entre o produto e o gelo) depende em grande parte da superfície de troca de calor, é necessário que as dimensões dos pedaços de gelo sejam as menores possíveis.

O gelo de água natural ou artificial é utilizado tanto para refrigerar produtos alimentares vegetais como para transportá-los em veículos frigoríficos (automóveis ou caminhos-de-ferro).

A refrigeração a vácuo baseia-se no efeito de resfriamento obtido pela vaporização, em pressão subatmosférica, de uma determinada parte da água contida no produto e da água com a qual o produto é previamente aspergido.

Tabela 1.4 . Condições e duração de armazenamento de vegetais refrigerados

produtos	temperatura de mantendo, ^{0}C	umidade relativa a ar, %	validade
Pimenta	7....10	85-90	8 a 10 dias
Batatas precoces	3....4	85-90	3-4 semanas
Batatas para consumo	4,5...10	88-93	4-8 meses
Pepinos	10...11	85-90	2 semanas
Cebola	-3...0	70-75	5-6 meses
Cogumelos	0...1	85-90	3-7 dias
Abóboras	10...13	70-75	4-6 meses
Vagens	2...7	85-90	10-15 dias
Ervilha verde	-0,5...0	85-90	1-3 semanas
Cenoura	0...1	90	2 semanas
Salsinha	0...1	85-90	1-2 meses
Salada	0...1	90-95	1-3 semanas
Beterraba	0...1	90-95	1-3 meses
Tomates maduros	0...1	85-90	1-2 semanas
Salsão	0...1	90-95	0,5-2 meses
Alho	-1,5-...0	70-75	6-8 meses
Repolho	0...1	85-90	2-6 meses
Beringelas	6...9	85-90	10-12 dias

A refrigeração a vácuo é aplicada principalmente em vegetais folhosos que possuem grande superfície específica, favorecendo a troca de calor e massa.

A refrigeração em trocadores de calor com parede divisória é um método utilizado para resfriar líquidos. O resfriamento é realizado em trocadores de calor nos quais, de um lado da parede divisória circula um agente refrigerante e do outro lado o líquido a ser resfriado. Como agentes refrigerantes são recomendados aqueles que, em caso de vazamentos por vazamento, não afetem a qualidade do produto resfriado. Tais agentes são água, solução água-álcool, etc. No caso de utilização de água, podem ser utilizados esquemas que incluam um acumulador de frio em forma de gelo no circuito de água.

As Tabelas 1.4 e 1.5 apresentam as condições e períodos de armazenamento dos principais produtos vegetais refrigerados.

O processo de congelamento consiste em resfriar produtos alimentícios a temperaturas abaixo do ponto de solidificação da água. Resolver a equação diferencial da propagação de calor neste caso é muito mais difícil do que no caso da refrigeração, e para o cálculo analítico dos campos de temperatura no produto, da duração do processo e das quantidades de calor trocadas, surgem dificuldades significativas. .

Tabela 1.5 . Condições e duração de armazenamento de frutas refrigeradas

produtos	temperatura de mantendo, ^{0}C	umidade relativa a ar, %	validade
Damascos	-1...0	70	2-4 semanas
Morangos	0	-	1-5 dias
Cerejas	-1...0	85-90	1-4 semanas
Marmelo	0...4	90	2-3 meses
Mais	1...3	85-90	4-8 meses
Pere	-0,5...1	85-90	2-6 meses
Nozes	5...7	70	1 um
Melancia	-1...1	85-90	2-3 semanas
Cantalupo	0...1	85-90	5-7 semanas
Pêssegos	-1...1	85-90	1-4 semanas
Ameixas	-0,5...1	85-90	2-8 semanas
Uvas	-1...0	85-90	3-5 meses
Cereja	-1...0	85-90	1-4 semanas

O processo de congelamento de um produto alimentar pode ser separado em três fases distintas (fig. 1.5):

- o resfriamento do produto desde a temperatura inicial ti até a temperatura tc, na qual se inicia o próprio processo de congelamento (solidificação da água do produto);

- congelamento do produto, quando a temperatura é t_c = const. e o calor latente de congelamento é extraído do produto (solidificação de soluções aquosas do produto);

- resfriar o produto desde a temperatura de congelamento tc até a temperatura final tf.

Para determinar a duração do processo de congelamento, são aceitas algumas hipóteses simplificadoras, a partir da integração das equações diferenciais resultantes:

a) no caso de um fluxo de calor unidirecional

- para um produto na forma de uma placa de espessura h, densidade ρ, calor latente de congelamento lcp , coeficiente de convecção térmica α, coeficiente de condutividade térmica λ e temperatura do meio de resfriamento tm, o tempo real de congelamento τc será

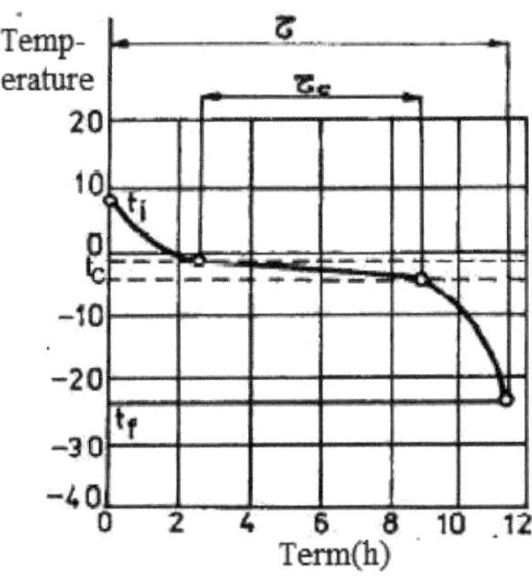

Figura 1.5. A variação de temperatura de um produto durante o processo de congelamento

$$\tau_c = \frac{\rho \cdot l_{cp}}{t_c - t_m} \cdot \left(\frac{h}{2\alpha} + \frac{h^2}{8\lambda}\right)(1.23)$$

- para um produto em forma de cilindro reto com diâmetro d, o tempo de congelamento é

$$\tau_c = \frac{\rho \cdot l_{cp}}{t_c - t_m} \cdot \left(\frac{h}{4\alpha} + \frac{h^2}{16\lambda}\right)(1.24)$$

- para um produto esférico com diâmetro d, o tempo de congelamento é:

$$\tau_c = \frac{\rho \cdot l_{cp}}{t_c - t_m} \cdot \left(\frac{h}{6\alpha} + \frac{h^2}{24\lambda}\right)(1,25)$$

b) no caso de fluxo de calor bidirecional (em duas direções perpendiculares), para um paralelepípedo de dimensões l, b e h, (l>b>h), sendo o calor extraído de duas faces de dimensões lb •e duas faces com as dimensões l • h, o tempo de congelamento é determinado com a relação

$$\tau_c = \frac{\rho \cdot l_{cp}}{t_c - t_m} \cdot \left\{\frac{1}{\alpha} \cdot \frac{b \cdot h}{2(b+h)} + \frac{1}{\lambda}\left[\frac{b \cdot h}{16} - \frac{(b-h)^2}{32} \ln \frac{b+h}{b-h}\right]\right\} (1.26)$$

c) no caso de um fluxo de calor tridimensional, o tempo de congelamento tem uma expressão matemática complicada, sendo um caso especial os produtos de forma cúbica (l=b=h) onde se obtém a forma:

$$\tau_c = \frac{\rho \cdot l_{cp}}{t_c - t_m} \cdot \left(\frac{h}{6\alpha} + \frac{h^2}{24\lambda}\right) (1.27)$$

Durante o congelamento, a perda de peso se deve exclusivamente a processos físico-químicos. Até que as primeiras camadas do produto sejam congeladas, as perdas são devidas à evaporação da água da sua superfície, durante as fases de congelamento, resfriamento até a temperatura final e armazenamento, as perdas de peso são produzidas pela sublimação do gelo da superfície do produto. produtos.

Dentre os fatores que afetam a intensidade do processo de perda de peso, os mais importantes são: a natureza do produto, a temperatura e a umidade relativa do ar, a qualidade da embalagem do produto, a velocidade do ar na superfície do produto. A perda de peso aumenta com a temperatura e a velocidade do ar, mas diminui com a umidade.

O processo tecnológico de conservação de produtos alimentares de origem vegetal por congelamento inclui uma série de operações, sendo os esquemas tecnológicos de vegetais e frutas apresentados na figura 1.6.

Antes de serem submetidos ao processo de congelamento, os produtos alimentares vegetais são submetidos a operações e tratamentos específicos ao tipo de produto, ao método de congelamento e ao destino do produto.

A matéria-prima destinada ao congelamento é submetida a tratamentos de lavagem, limpeza, calibração, divisão e antioxidantes. A qualidade do produto congelado depende da correcção destas operações preparatórias.

A escaldagem é uma operação tecnológica indispensável para algumas espécies vegetais, por destruir os complexos enzimáticos, reduzir a microflora na superfície do produto, estabilizar a cor, eliminar gases da matéria-prima e manter a vitamina C remanescente após a escaldagem.

Os tratamentos aplicados aos produtos vegetais visam nomeadamente o fenómeno de oxidação (escurecimento), especialmente nos frutos descascados. O bloqueio da atividade enzimática e a redução da oxidação são obtidos por tratamento com: cloreto de sódio, açúcar, ácidos alimentares (ácido málico, ácido ascórbico), dióxido de enxofre.

O resfriamento ou refrigeração dos produtos a serem congelados é importante para a preservação da cor e pode ser visto como uma operação preliminar.

O congelamento de um produto alimentício é um processo de resfriamento no qual ocorrem fenômenos importantes como a solidificação de parte da água do produto, aumentando o volume e a consistência do produto. Para caracterizar um processo de congelamento do ponto de vista da intensidade de resfriamento, escolhe-se como critério a velocidade linear média de congelamento, que tem a expressão:

$$w_m = \frac{\delta_0}{\tau_0}[\mathrm{cm}/h](1.28)$$

em que δ_0é a menor distância entre o centro térmico (ponto de maior temperatura em determinado momento) e a superfície do produto [cm],

τ_0é a duração do congelamento desde a temperatura inicial uniforme de 0 ^{o} C, até a temperatura que se busca obter no centro térmico [h].

Em relação a esta velocidade linear média de congelamento, os métodos de congelamento utilizados podem ser classificados da seguinte forma: congelamento lento (w_m0,2 cm/h), congelamento rápido (w_m=0,5 ....3 cm/h), congelamento muito rápido (w_m=5. ...10 cm/h) e congelamento ultrarrápido (w_m=10 ....100 cm/h).

Tal como no caso da refrigeração, distinguem-se três sistemas de congelação: com funcionamento descontínuo, com funcionamento semicontínuo e com funcionamento contínuo. Do ponto de vista ambiental e do método de retirada do calor dos produtos, o congelamento pode ser feito com ar resfriado, por contato direto com agentes intermediários ou refrigerantes e por contato com superfícies metálicas
resfriado.

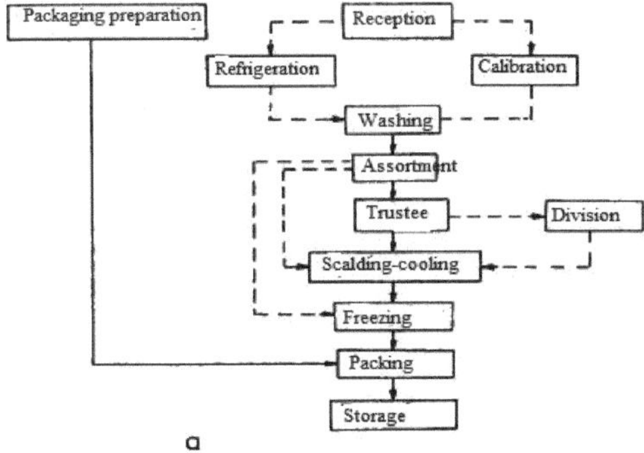

a

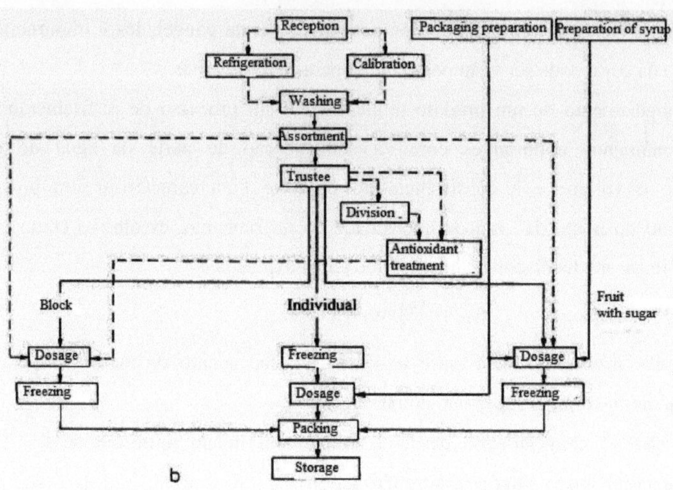

Figura 1.6. Esquema tecnológico de conservação por congelamento para: vegetais a, frutas b.

A congelação com ar refrigerado é o método mais difundido devido ao facto de a maioria dos produtos alimentares se prestarem a este tipo de conservação. Este método requer a existência de um espaço isolado termicamente, um refrigerador de ar e um sistema de distribuição do ar refrigerado sobre os produtos.

Tabela 1.6. Tempo de armazenamento de vegetais congelados a -18 °C

produtos	validade
Pimentão - sem escaldadura	4-6 meses
- escaldar	8 a 10 meses
Pepinos	5-6 meses
Batatas	8-12 meses
Cebola	mínimo 12 meses
Cogumelos - individualmente	4-6 meses
- a granel com soluções ácidas e molhos	6-12 meses
Abóboras	7-8 meses
Feijão verde - cru	4-5 meses
- escaldado	11-12 meses
Ervilha verde	11-12 meses
Cenoura – sem casca	4-6 meses
- escaldado	10-12 meses
Raiz de salsa - sem escaldar	4-6 meses
- escaldado	6-10 meses
Folhas de salsa	12-14 meses
Espinafre	16-18 meses
Tomate	5-6 meses
Raiz de aipo	6-8 meses
Folhas de aipo	14-16 meses

Repolho branco e roxo Berinjelas inteiras ou partidas Salada de berinjela	10-12 meses 10-12 meses 5-6 meses

Tabela 1.7 . Tempo de armazenamento de frutas congeladas a -18 ° C

produtos	Validade
Damascos - individualmente	4-6 meses
- em calda de açúcar	9 a 10 meses
Cerejas - individualmente	5-6 meses
- em calda de açúcar	9 a 10 meses
Gutui – pessoa física	5-8 meses
- em calda de açúcar	8-11 meses
Maçãs - individualmente	3-5 meses
- em calda de açúcar	6-8 meses
Melão - dividido	6-8 meses
- em calda de açúcar	10-12 meses
Melancia em calda de açúcar	2-3 meses
Peras - individualmente	4-5 meses
- em calda de açúcar	9 a 10 meses
Pêssegos - individualmente	3-4 meses
- em calda de açúcar	6-8 meses
Ameixas - individualmente	5-6 meses
- em calda de açúcar	9-12 meses
Uvas - individualmente	4-8 meses
- em calda de açúcar	8 a 10 meses
Cereja - individualmente	7-8 meses
- em calda de açúcar	11-12 meses

Se for levado em consideração o estado do produto ao longo do período de congelamento, em relação ao suporte material sobre o qual são colocados, distinguem-se: sistemas de congelamento com posição fixa dos produtos e sistemas de congelamento dos produtos em camada fluidizada (o resfriamento é realizado soprando um gás na parte inferior de um suporte de material perfurado, sobre o qual o produto se encontra na forma de partículas e que fluidiza sob a ação do gás).

O congelamento por contato com agentes intermediários oferece a vantagem de tempos de congelamento mais curtos do que no caso do resfriamento a ar. Os coeficientes de convecção térmica na superfície dos produtos congelados são pelo menos 10 vezes maiores do que no resfriamento com ar.

A congelação por contacto com agentes criogénicos consiste na absorção do calor latente de vaporização, à pressão atmosférica, de alguns refrigerantes, mas também do calor sensível, aumentando a temperatura para um nível próximo daquele em que o produto alimentar é congelado. Os agentes criogênicos não devem ser tóxicos, inflamáveis ou explosivos, sendo os mais utilizados na prática o nitrogênio líquido, o dióxido de carbono líquido e alguns freons líquidos.

O congelamento por contato com superfícies metálicas resfriadas consiste na retirada do calor do produto por transferência direta pela superfície resfriada (com refrigerante vaporizador ou com agente intermediário), sendo sua transferência realizada na maioria das vezes por condução, fato que constitui um vantagem energética em comparação com a convecção forçada em ar resfriado.

As Tabelas 1.6 e 1.7 apresentam os tempos de armazenamento e conservação das principais variedades de vegetais e frutas congeladas.

O processo de liofilização ou criosecagem consiste na remoção da água de um produto congelado, sublimando-o no vácuo (passando a água diretamente do estado sólido para o estado de vapor). Comparativamente a outros processos de secagem, a liofilização consegue uma melhor preservação das qualidades do produto fresco, elevada capacidade de reidratação e baixas temperaturas de armazenamento e transporte, mas o consumo de energia é claramente superior.

Na sua totalidade, a tecnologia de liofilização inclui as seguintes operações: tratamentos preliminares, congelamento, sublimação (secagem primária), secagem secundária, acondicionamento, embalagem, armazenamento.

Os tratamentos preliminares são característicos de cada produto, entre os quais podemos citar os de natureza mecânica (limpeza, corte, trituração, triagem), de natureza física (concentração de produtos líquidos) e de natureza química (adição de sabor e substâncias aromáticas, substâncias que favorecem o processo de liofilização, substâncias com função protetora contra a ação de microrganismos).

O congelamento influencia as fases subsequentes de liofilização do produto. Recomenda-se congelamento rápido, com formação de pequenos cristais de gelo distribuídos uniformemente na massa do produto. As temperaturas finais de congelamento devem ser de -40 ^{0}C........-60 ^{0}C para que toda a água do produto se solidifique.

A secagem primária consiste na desidratação do produto (possivelmente triturado após congelamento) através de sublimação em água. Este fenômeno provoca uma queda na temperatura do produto de 2.......15 ^{0}C ou até mais, seguida de um umedecimento superficial do mesmo. A secagem primária é considerada completa quando toda a massa de água cristalizada do produto estiver sublimada. Os vapores de água resultantes da sublimação do gelo são direcionados para um trocador de calor resfriado, em cuja superfície se condensam.

A secagem secundária (dessorção) é a fase em que a água remanescente no produto é retirada após o término da sublimação. Dado que a água não pode ser completamente removida do produto, a operação de dessorção pára quando o seu teor de água cai abaixo do valor da humidade residual aceite (é estabelecido experimentalmente e depende da natureza do produto, do modo de embalagem, da duração do armazenamento, etc.).

A temperatura durante a secagem está entre 20....60 ^{0} C, e a duração da secagem secundária está entre 1..6 horas. Terminada a fase de secagem, a câmara de secagem é pressurizada com gás neutro, desde baixa pressão até uma pressão ligeiramente superior à atmosférica. Desta forma, evita-se o contacto imediato dos produtos com o ar exterior, garantindo o gás neutro uma boa protecção dos mesmos durante o manuseamento e armazenamento.

Acondicionamento e embalagem de produtos liofilizados. Para homogeneizar a umidade residual, os produtos liofilizados devem ser armazenados por 2 a 3 dias em recipientes aspirados.

O acondicionamento é feito de forma a eliminar ou reduzir completamente as causas que provocam alterações na qualidade dos produtos durante o seu armazenamento e transporte.

O acondicionamento dos produtos liofilizados é normalmente feito sob vácuo ou em atmosfera de gás inerte (nitrogênio ou dióxido de carbono e ar seco com umidade relativa de 10....20%), em embalagens perfeitamente fechadas, impermeáveis a gases, aromas, água. vapores, gorduras.

Os produtos liofilizados são armazenados em temperaturas que variam entre 0...30 ^{0} C, dependendo da natureza do produto, ao diminuir a temperatura de armazenamento, o tempo de armazenamento pode ser consideravelmente aumentado.

I.2. Tecnologia de conservação através da secagem e desidratação de vegetais e frutas

A secagem ou desidratação é o processo tecnológico pelo qual se retira uma certa quantidade de água dos vegetais e frutas considerados matéria-prima com a ajuda do calor, conseguindo-se assim um estado físico e químico propício à manutenção dos seus valores nutricionais. , bem como condições desfavoráveis à atividade microorganismos Se for utilizada energia solar para retirar água, estamos tratando de um processo de secagem, e se for utilizado combustível ou outra fonte de energia para obter energia térmica, o processo é denominado desidratação.

A movimentação da água na matéria-prima submetida à desidratação é condicionada pelas formas em que ela se encontra nos produtos (água livre, água ligada coloidalmente e água ligada quimicamente). Durante o processo, a retirada da água dos produtos é realizada por difusão que pode ser: externa (devido à evaporação da água da superfície do produto) e interna (representa o movimento da água de dentro do produto para a superfície).

No processo de desidratação , a relação entre difusão interna e externa é de particular importância. Uma alta taxa de difusão externa e uma baixa taxa de difusão interna determinam o ressecamento da superfície do produto, causando o aparecimento do fenômeno de peeling. Isto dificultará a continuidade do processo, causando, sob certas condições, quebras na superfície do produto, com perdas importantes de suco celular.

O processo de desidratação ocorre em três fases sucessivas (fig. 1.7) como segue:

- estágio I correspondente à curva 1-2; o produto aquece e apenas parte do calor é utilizada para evaporar a água;

- a segunda etapa correspondente à curva 2-3; a velocidade de desidratação é constante, sendo retirada água do produto; o estágio dura até que a difusão interna não ocorra mais;

- estágio III correspondente à curva 3-5; na zona 3-4, parte da água coloidal é removida e na zona 4-5, parte da água de absorção é removida.

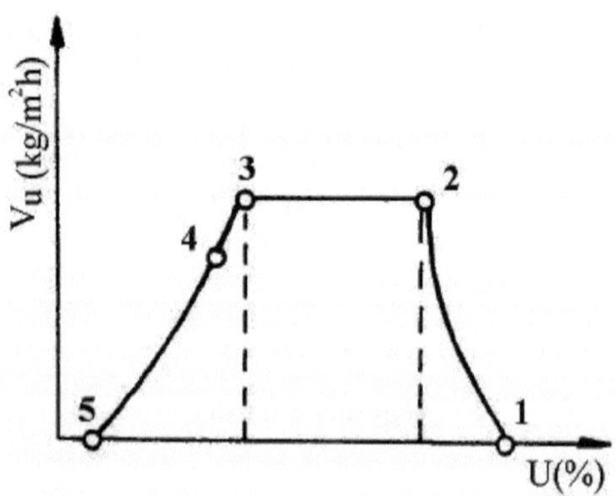

Figura 1.7. A variação da umidade do produto dependendo da velocidade de desidratação

A velocidade de desidratação é tanto maior quanto maior a temperatura, menor a resistência à difusão e a espessura do produto, maior a relação entre a superfície do produto e seu teor de água e maior a velocidade de movimento do ar quente.

A umidade relativa do ar tem influência considerável na velocidade de desidratação. O aumento da umidade relativa do ar reduz sua capacidade de absorver o vapor d'água do produto, retardando a evaporação, enquanto a baixa umidade relativa provoca uma retirada forçada de água do produto, com rupturas das membranas celulares. O rendimento teórico do processo de desidratação é estabelecido com a relação:

$$\eta_t = \frac{100-a_i}{100-a_f} \cdot 100\% (1.29)$$

onde a_i, a_f são os teores de água inicial e final do produto. O esquema tecnológico do processo de desidratação de vegetais e frutas inclui diversas operações (fig. 1.8). As matérias-primas, adequadas do ponto de vista qualitativo, são conservadas durante um período de tempo, visando finalizar a maturação ou manter as qualidades, garantindo as condições de temperatura e humidade exigidas pelos produtos.

Submetidas a operações de triagem, calibração, lavagem, as matérias-primas são processadas de forma a remover as partes anatómicas não comestíveis e as que impedem a eliminação de água.

A escaldagem e a sulfitação são tratamentos aplicados em frutas e vegetais inteiros e seccionados, com o objetivo de reduzir a atividade de microrganismos e processos de oxidação que afetam negativamente a sua qualidade.

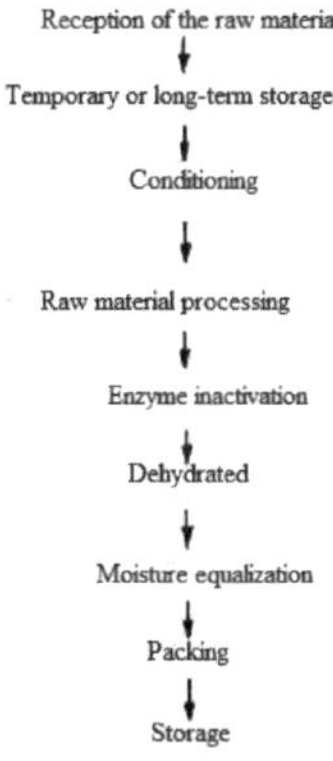

Figura 1.8. Esquema tecnológico do processo de desidratação de hortaliças e frutas

A operação básica, desidratação, pode ser realizada através de vários métodos, nomeadamente:

- desidratação a vácuo: a água é evaporada a uma temperatura de 45 ^{0}C, processo utilizado para produtos vegetais sensíveis ao calor;

- desidratação por sublimação: aplica-se a produtos vegetais congelados na ausência de oxigénio, condições que não permitem a ocorrência de reações de oxidação;
- desidrocongelação: numa primeira fase, o produto é parcialmente desidratado até uma humidade de cerca de 50%, após o que é congelado;
- desidropreservação: na primeira fase os produtos vegetais são desidratados até metade do seu peso, na segunda fase são acondicionados em embalagens herméticas e submetidos ao processo de esterilização;
- desidratação com radiação infravermelha: os produtos vegetais são aquecidos, por condução ou convecção, com a radiação emitida por um corpo quente a partir da sua superfície, no ambiente onde ocorre a desidratação;
- desidratação em camada de espuma: é um método aplicado a produtos em forma de massa em que é introduzido um estabilizante, a espuma assim obtida é desidratada e pela trituração resulta num pó com elevada capacidade de reidratação;
- desidratação por pulverização: aplica-se nomeadamente a produtos sob a forma de pastas e líquidos, consistindo na redução quase instantânea da humidade até 6%, seguida de moagem, peneiração e embalagem do produto obtido.

Os vegetais e frutas desidratados são acondicionados em embalagens especiais, características de cada produto, em locais bem ventilados, com temperatura de 15-18 ^{0} C e umidade relativa do ar de 70-75%.

As Tabelas 1.8 e 1.9 mostram os limites de variação dos componentes mais importantes nos EUA em gramas por 100 g de substância desidratada, para os principais tipos de vegetais e frutas.

Tabela 1.8. Limites de variação dos componentes dos EUA em algumas espécies vegetais

Espécies	açúcar total, g	orgulho, g	amidina, g	cinza, g	alcalinidade das cinzas, ml NaOH n/10
Batatas	0,50-4,16	2.06-2.38	15,1-23,1	0,94-1,14	5h26-6h30
Cebola	5,52-10,5	1,3-1,59	0,35-1,59	0,49-0,60	3,29-3,37
Cenoura	6,85-8,70	0,99-2,20	1,32-1,40	1,23-1,25	2.04-2.28
Tomates	2,17-3,98	0,90-1,03	0,10-0,46	0,42-0,53	1,61-1,73
Repolho	1,49-5,57	1,17-1,36	0,74-4,20	0,64-0,78	2.13-2.23

Tabela 1.9. Limite de variação ou seja, um componente de sua unidade especificações de frutos

Espécies	açúcar total, g	acidez total em ácido málico, g	orgulho, g	cinza, g	alcalinidade das cinzas, ml NaOH n/10
Damascos	8h40-13h66	0,56-1,67	0,73-1,34	0,28-0,83	3,6-9,88
Maçãs	7,98-14,90	0,16-1,14	0,18-0,64	0,10-0,37	1,26-5,63
Peras	9.26-14.15	0,10-0,54	0,24-0,58	0,14-0,50	1,70-4,69
Pêssegos	5,35-11,36	0,28-1,23	0,39-1,20	0,30-0,65	3,26-6,67
Ameixas	9,97-14,15	0,33-1,90	0,24-0,98	0,25-0,59	3,21-8,53

Os produtos desidratados diferem da matéria-prima pela concentração da substância seca (determina a diminuição do volume, o aumento da massa volumétrica, o aumento do valor energético-plástico), a mudança na proporção entre os principais elementos componentes do seco substância, a diminuição quantitativa de uns, o aumento de outros, o desaparecimento parcial ou total de alguns componentes e o aparecimento de outros.

Durante o armazenamento de produtos desidratados, podem ocorrer as seguintes alterações importantes:

- descoloração: esverdeamento (espinafre, verduras, feijão, ervilha), escurecimento (maçãs, peras, damascos, marmelos, pêssegos, batatas), amarelecimento (cebola, repolho, raiz de salsa, nabo, aipo), branco rosado (cebola, repolho);
- sacarificação, principalmente em frutas inteiras e cortadas.

I.3. Tecnologia de fabricação de frutas e vegetais semi-enlatados

Para garantir a preservação de alguns produtos vegetais, evitando fenómenos de deterioração, são utilizadas substâncias químicas com ação bactericida, mas que não afetam a saúde humana. Essas substâncias destroem e impedem o desenvolvimento de esporos de microrganismos, sendo conhecidas como conservantes de alimentos. Dentre as substâncias anti-sépticas, utilizam-se o dióxido de enxofre, o benzoato de sódio e o ácido fórmico, pois ao ferver são eliminados e desaparecem do produto acabado.

O prazo de validade dos produtos conservados com substâncias antissépticas depende da concentração das soluções adicionadas e das condições de armazenamento.

Preparação de polpa de fruta. Polpas de frutas, cozidas ou não, são produtos obtidos pelo processamento mecânico ou térmico de frutas, inteiras ou cortadas em pedaços (metades ou quartos). O esquema tecnológico de preparo da polpa de frutas inclui as seguintes operações: triagem, lavagem, corte e conservação.

A triagem tem como objetivo a remoção de corpos estranhos, frutas verdes, mofadas ou de má qualidade, sendo a operação geralmente realizada manualmente.

Os frutos são lavados, operação obrigatória que remove todas as impurezas. O corte é aplicado nos frutos das sementes, quando são muito grandes, os pedúnculos são retirados e as sementes são opcionalmente retiradas.

A pasta assim preparada é colocada em barricas (de carvalho, gorun ou faia, parafinadas no interior), bacias ou tanques (de betão armado ou tijolo, com camada protectora de parafina) ou em grandes tambores metálicos, hermeticamente fechados, sobre os quais o líquido é derramado com conservante que deve cobrir bem a fruta.

Como anti-séptico, o dióxido de enxofre é recomendado para todos os tipos de frutas, no caso das frutas de baga, para fortalecer a textura com adição de bissulfito de cálcio. Independentemente do conservante utilizado, a diluição é feita para que a solução adicionada ao produto a conservar não ultrapasse 10% da sua quantidade.

Após a introdução do conservante, os barris são fechados e armazenados em espaços refrigerados ou armazéns comuns, e as bacias são bem vedadas, para evitar qualquer contacto com o ar atmosférico.

As polpas de frutas também podem ser conservadas por esterilização, o que requer, além das operações apresentadas, a fervura com adição de 10-15% de água, seguida de colocação em recipientes e esterilização ou autoesterilização.

A única polpa vegetal é a polpa de tomate, em cuja produção se aplica o mesmo esquema tecnológico do caso das frutas.

Preparação de marcas de frutas. Marcas são produtos obtidos a partir de frutas a partir de processamento mecânico e térmico (raramente cruas), sendo a parte não comestível retirada após passagem por peneira (peneira). Em geral, todas as etapas do fluxo tecnológico estão inseridas dentro de uma linha automática que funciona em fluxo vertical.

Como as marcas são polpas de frutas fervidas e amassadas, as primeiras operações do fluxo tecnológico são idênticas. Após a lavagem e o corte, a polpa dos frutos duros é aquecida e passada por uma peneira, operação por meio da qual são retiradas as sementes e partes não comestíveis, resultando na própria marca. Para conservar melhor o sabor, os frutos moles não são aquecidos, esgueiram-se crus. A marca resfriada é misturada ao conservante (dióxido de enxofre ou benzoato de sódio) e após o tratamento com substâncias antissépticas é colocada em barris ou bacias de armazenamento, dotadas em seu interior de uma película de laca resistente à ação de ácidos.

O ácido lático, o ácido acético, o cloreto de sódio e o açúcar, em determinadas proporções e concentrações, podem desempenhar o papel de substâncias antissépticas, evitando a alteração de algumas preparações obtidas de vegetais e frutas.

Produtos fermentados lácticos (acidificação natural). Baseiam-se no processo de fermentação láctica, de modo que após a ação das bactérias lácticas sobre o açúcar dos vegetais, em solução de cloreto de sódio, obtém-se o ácido láctico como produto determinante.

Em concentrações de 3-12%, o cloreto de sódio pode extrair água e substâncias solúveis dos vacúolos das células, garantindo assim um ambiente favorável para o crescimento e desenvolvimento de bactérias lácticas.

Ao cobrir os vegetais com solução salina, cria-se um ambiente anaeróbico, favorável apenas à fermentação láctica.

O esquema tecnológico para obtenção de produtos fermentados lácticos (repolho, pepino, gogonona, picles variados) é apresentado na fig. 1.9.

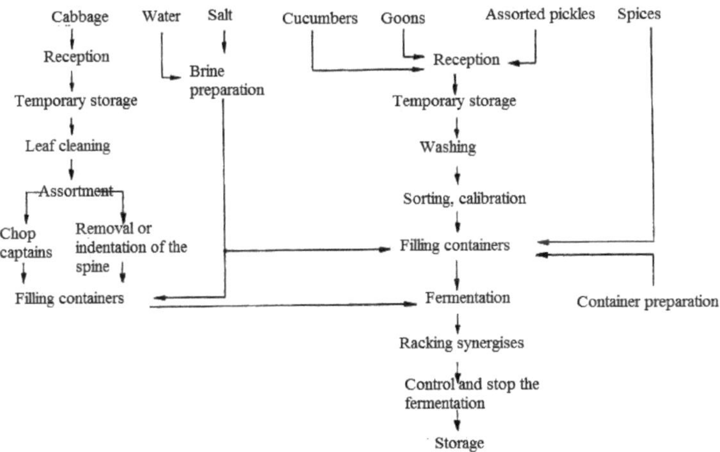

Figura 1.9. Esquema tecnológico para obtenção de produtos fermentados lácticos

O esquema tecnológico para obtenção de produtos fermentados lácticos (repolho, pepino, gogonona, picles variados) é apresentado na fig. 1.9.

A operação mais importante é a fermentação do ácido láctico, que ocorre em três etapas:

- a fase preliminar em que as bactérias heterofermentativas (Streptococcus, Bacterium coli, etc.) transformam parte dos açúcares em ácido láctico, ácido acético, álcool etílico e dióxido de carbono; a duração desta etapa depende da temperatura de fermentação e da natureza do produto;

- a fase de fermentação propriamente dita, em que o processo de fermentação é continuado pelas bactérias homofermentativas (Lactobacillus plantarum, Lactobacillus cucumeris), que produzem apenas ácido láctico; a acidez aumenta até 2% e o pH apresenta valores entre 3,5-4,3;

- fase final da fermentação, quando a fermentação é continuada por bactérias como Lactobacillus brevis e Lactobacillus pentoaceticum, que transformam as últimas quantidades de açúcar em ácido láctico e produtos secundários, atingindo finalmente uma concentração de 2,5% em ácido láctico.

A fermentação e conservação dos produtos é feita em cubas de cimento revestidas com verniz antiácido, cubas e barricas de madeira ou plástico, nas quais, para melhorar as propriedades organolépticas, são adicionadas especiarias (talos de endro, tomilho, raízes de rábano, alho, folhas de aipo). e cereja azeda, etc.)

Para homogeneizar a concentração de cloreto de sódio e ácido lático, é realizado fluxo periodicamente.

Produtos acidificados artificialmente. A utilização de ácido acético ou vinagre e cloreto de sódio, em soluções com determinadas concentrações, provoca uma ação anti-séptica, e ao adicionar especiarias os vegetais assim conservados adquirem um sabor picante e agradável. O vinagre utilizado para conservar vegetais é obtido do vinho ou industrialmente.

Os vegetais conservados por acidificação artificial também são chamados de produtos marinados, sendo preparados segundo a técnica dos produtos naturalmente acidificados, com a diferença de que o vinagre é utilizado como conservante, sendo a concentração final em ácido acético de 2-3%, sal até uma concentração de 2-3% e, por vezes, de açúcar até 2-5%.

Para impressionar o sabor e o aroma dos legumes em conserva, o vinagre é temperado com pimenta,

mostarda, louro, cravo, estragão, endro, etc.

Entre os vegetais que podem ser conservados por este método podemos citar: pepino, pimentão da variedade Kapia, donuts, aipo, feijão verde, pimentão.

Produtos conservados por salga e salga excessiva. Substância higroscópica, o cloreto de sódio tem a capacidade de remover água dos tecidos vegetais através do fenômeno da osmose.

Ao aumentar a pressão osmótica, ocorre a desidratação parcial das células (plasmólise), o que impede a atividade normal de bactérias, bolores ou leveduras.

Os vegetais colhidos na maturidade são triados, limpos, lavados e colocados em barricas sobre as quais é adicionado sal, no estado sólido ou em soluções em concentrações até 30%. A salga é usada para conservar vegetais como aipo, cenoura, couve-flor, couve de Bruxelas, feijão verde, cebola, tomate, pimentão, aspargos.

I.4. Tecnologia de fabricação de conservas de vegetais por termoesterilização

A termoesterilização é um processo de preservação baseado na inativação por tratamento térmico de microrganismos em produtos de origem vegetal. O elevado nível de temperatura atua sobre os microrganismos segundo um mecanismo ainda não totalmente elucidado. Foram destacados processos de desnaturação de proteínas, inativação de enzimas, desequilíbrio de processos vitais, etc.

Para reduzir a população microbiana a determinados níveis ou para destruí-la, os produtos alimentares são submetidos a tratamentos térmicos como a pasteurização ou a esterilização, processos sobre os quais intervêm vários factores .

A duração e o nível de temperatura são critérios fundamentais que condicionam a destruição ou inativação de esporos patogénicos resistentes ao calor. A inativação dos esporos de Clostridium botulinum (os mais resistentes a altas temperaturas e capazes de se desenvolver em condições anaeróbias em latas), constitui o critério padrão para a eficácia de um regime de termoesterilização.

O tempo de destruição térmica (TDT) foi definido como o tempo necessário para a destruição completa dos microrganismos em suspensão a uma determinada temperatura.

A acidez do ambiente influencia a termorresistência dos microrganismos, constatando experimentalmente que o nível de temperaturas necessárias para a preservação aumenta com o pH dos produtos.

O número de microrganismos presentes no produto vegetal a ser tratado termicamente tem influência significativa no regime térmico, um método simples de reduzi-los é a lavagem do produto.

A presença de enzimas nos produtos determina o regime térmico, constatando que a utilização de altas temperaturas por um curto período de tempo consegue uma inativação mais lenta das enzimas, em comparação com os microrganismos.

Termopenetração. O sucesso do tratamento térmico depende da forma como o calor é transmitido à área de mais difícil acesso para atingir a temperatura de inativação. Os fatores mais importantes que influenciam a transferência de calor são: a condutividade térmica do produto e da embalagem, o regime térmico aplicado, a temperatura inicial do produto, a agitação do recipiente durante o aquecimento.

A pressão osmótica do líquido nos capilares do ambiente tem especial importância no desenvolvimento dos microrganismos, que diminui à medida que a pressão aumenta. Essa influência é expressa pelo grau higrométrico do produto, definido como a razão entre a pressão do vapor d'água no produto e a pressão do vapor d'água na atmosfera na saturação e na mesma temperatura.

A pasteurização visa destruir as formas vegetativas dos microrganismos, sem afetar totalmente os esporos. Os produtos são aquecidos a temperaturas abaixo do ponto de ebulição da água (50-95 ^{0} C), mantidos por um período de tempo, após o qual são resfriados até a temperatura da próxima operação no fluxo tecnológico ou de armazenamento.

A pasteurização pode ser aplicada tanto em produtos não embalados (a granel, líquidos ou pastosos) quanto em produtos embalados, neste caso são utilizadas embalagens de materiais metálicos, vidros, plásticos.

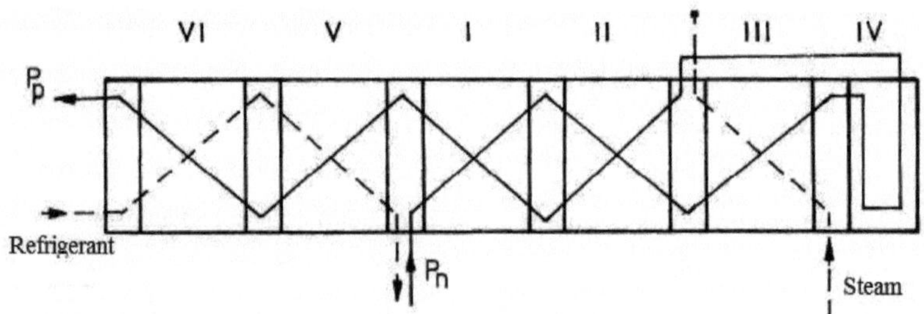

Figura 1.10. O esquema tecnológico da pasteurização de produtos não embalados

A operação de pasteurização de produtos não embalados é geralmente realizada por meio de um trocador de calor com placas (fig. 1.10), possuindo as seguintes áreas:

- I e II são as áreas de pré-aquecimento do produto não pasteurizado Pn, desde a temperatura inicial até cerca de 60 0C, através do resfriamento do produto pasteurizado P_p;
- III é a zona de aquecimento à temperatura de pasteurização (75-95 ^{0} C), com auxílio de vapor;
- IV é a área onde o produto é mantido na temperatura de pasteurização;

- V e VI são as zonas de pré-resfriamento e resfriamento final, utilizando um refrigerante.

O regime térmico correspondente a cada zona é escolhido em função das características do produto alimentar a pasteurizar.

No caso de produtos embalados, a instalação de pasteurização mais utilizada é a do tipo túnel (fig. 1.11). Está equipado com 5 a 7 etapas nas quais o regime térmico pode ser alcançado, para todos os tipos de embalagens em que os produtos se encontram. Assim, se os produtos acondicionados em caixas metálicas são aquecidos e resfriados em uma só fase, no caso das embalagens de vidro isso é feito gradativamente, para evitar choque térmico.

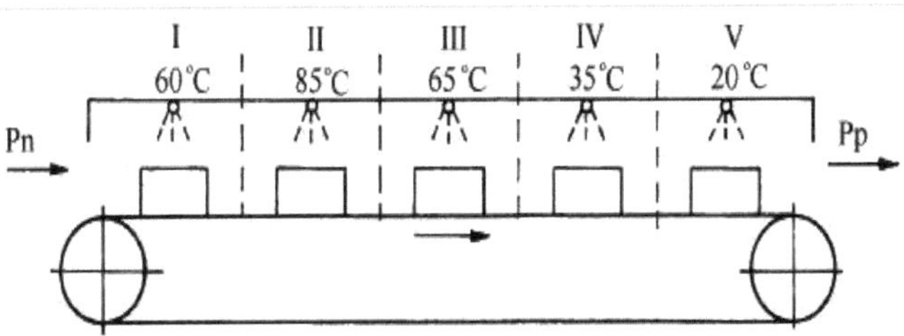

Figura 1.11. Esquema tecnológico de pasteurização de produtos embalados

Na zona I, o produto embalado é aquecido até cerca de 60 0C, após o que a correia transportadora leva o produto para a zona II, onde o produto é aquecido e mantido na temperatura de pasteurização. Nas zonas III, IV e V o produto é resfriado em etapas, correspondentes ao tipo de embalagem. Água em diferentes temperaturas é utilizada como agente de aquecimento e resfriamento dos produtos embalados, e vapor ou trocador de calor é utilizado para atingir a temperatura de pasteurização.

Os fatores de pasteurização mais importantes são o tempo de duração τ e a temperatura de pasteurização tp , cuja dependência é dada pela relação:

$$\ln\tau = a - b \cdot t_p (1h30)$$

onde: a é o coeficiente de estabilidade térmica dos microrganismos; b - coeficiente de estabilidade à temperatura do ambiente em que os microrganismos estão localizados.

Os dois coeficientes são determinados experimentalmente, sob condições de destruição completa da microflora patogénica, mas também de evitar a produção de algumas alterações físico-químicas no produto, causadas pela temperatura.

A avaliação do efeito da operação de pasteurização pode ser feita através do critério Pasteur (Pa), definido pela relação:

$$\text{Pa} = \int \frac{1}{\tau} d\theta (1.31)$$

onde θé a duração, em segundos, da ação térmica (quando a pasteurização $\theta=\tau$ está completa).

A Equação (1.30) assume que o produto foi levado instantaneamente à temperatura de pasteurização. Na realidade, o efeito térmico inicia-se a partir do período de aquecimento, uma vez ultrapassada a temperatura mínima com ação letal (aprox. 60 ^{0} C), continua durante o período de manutenção e resfriamento, até a mesma temperatura mínima.

O efeito bactericida dos dispositivos universais de pasteurização é determinado pela relação:

$$P_{a1} + P_{a2} + P_{a3} = Pal \geq (1,32)$$

onde P_{a1}está o critério Pasteur para a área de aquecimento do produto;

P_{a2} - o critério Pasteur para a zona de manutenção da temperatura do produto;

P_{a3}- o critério Pasteur para a zona de resfriamento do produto.

O tempo de permanência do produto na temperatura de pasteurização é dado pela relação:

$$\theta_m = \frac{l_m}{w} (1.33)$$

onde l $_m$ é o comprimento da zona de manutenção, em m; w - velocidade do produto nesta área, em m/s.

Em relação à temperatura e tempo de permanência na temperatura de pasteurização, são utilizadas as seguintes variantes tecnológicas:

- pasteurização lenta, baixa ou longa, onde o aquecimento é feito a 63-75 ^{0} C durante 5-30 min, dependendo da natureza do produto e do grau de contaminação, sendo o resfriamento lento (naturalmente) ou rápido;
- pasteurização rápida, na qual o aquecimento é feito rapidamente a temperaturas de 85-90 ^{0} C em um intervalo de tempo de 10-60 segundos, seguido de resfriamento rápido;
- pasteurização ultrarrápida, em que o aquecimento é feito muito rapidamente a uma temperatura de cerca de 150 ^{0} C, mantida durante no máximo um segundo, seguida de um arrefecimento muito rápido;

- uperização, baseia-se no fato de que durante a pasteurização o produto é pulverizado muito finamente e, em contato com o vapor superaquecido, utilizado como agente de aquecimento, aquece muito rapidamente;

- a tindalização é uma pasteurização repetida em intervalos de tempo necessários para que os esporos passem para formas vegetativas, formas que podem ser destruídas por uma nova pasteurização.

A esterilização é a operação de destruição de todas as formas vegetativas dos organismos vivos, inclusive os esporulados, e pode ser conseguida quimicamente, com a ajuda de radiação ou por

térmico.

A escolha do regime de esterilização térmica é determinada pela termorresistência dos microrganismos que provocam a deterioração da qualidade do produto, no recipiente escolhido. Os cálculos neste sentido são extremamente complicados, por isso a curva de destruição de microorganismos dada pela relação foi determinada experimentalmente:

$$\frac{2.3}{C} \cdot \lg \frac{N_0}{N_1} = \tau \quad (1.34)$$

onde 2,3/C é o tempo necessário para reduzir a população microbiana pela metade (sendo C um coeficiente que leva em conta a natureza dos microrganismos); N_0, N_1 - o número inicial e final de microrganismos.

Verificou-se experimentalmente que o tempo de destruição térmica é uma função exponencial da temperatura, sendo a relação tempo-temperatura dada pela relação:

$$\lg \frac{\tau_{\mathrm{mt1}}}{\tau_{\mathrm{mt2}}} = \frac{t_1 - t_2}{\Delta t} (1,35)$$

onde τ_{mt1}, τ_{mt2}são as durações médias de destruição nas temperaturas t_1e t_2, respectivamente; Δt - o aumento de temperatura necessário para reduzir o valor de τpara 0,1 (Δt=5-40 0C).

Se a temperatura for variável, a relação básica é:

$$\lg \frac{N_0}{N_1} = \int \frac{d\tau}{10^{\lg \tau_r + \frac{t_r - t(\tau)}{\Delta t}}} (1.36)$$

Na equação acima, τ_r e t_r são valores de referência determinados experimentalmente (por exemplo, para esporos bacterianos t_r= 121,1 ^{0} C). A integral é resolvida graficamente colocando τ na abcissa e 1/ tm na ordenada, sendo tm igual ao denominador da fração sob a integral. Ao integrar a relação tempo-temperatura determina-se o processo de letalidade total.

Para o tempo de destruição térmica (TDT) de microrganismos, a relação é dada:

$$\lg\frac{\tau_1}{\tau} = \frac{t-140}{z}(1.37)$$

onde τ_1 é a duração em minutos da destruição de microrganismos a uma temperatura de 140 ^{0}C; τ - TDT à temperatura t ^{0}C; z - a inclinação da curva TDT.

Nestas condições, a velocidade de esterilização do produto pode ser determinada pela relação:

$$\frac{1}{\tau} = \frac{1}{\tau_1 \text{antilg}\frac{t-140}{z}}(1.38)$$

A duração do processo de esterilização também pode ser determinada a partir da probabilidade de sobrevivência dos microrganismos no recipiente, a partir da relação:

$$N_1 = N_0 \cdot 10^{\frac{\text{ms}}{\tau_r'}}(1,39)$$

onde ms é a mortalidade no contêiner;

- a duração em minutos necessária para destruir 90% dos microrganismos a 140 ^{0}C.

Assim como no caso da pasteurização, é estabelecida para cada produto, tipo e formato de embalagem uma fórmula de esterilização do tipo $\frac{\tau_1-\tau_2-\tau_3}{t}$onde τ_1, τ_2, τ_3 são as durações em minutos dos períodos de aquecimento, manutenção na temperatura de esterilização e resfriamento, sendo t a temperatura de esterilização.

A operação de esterilização é normalmente realizada em instalações com funcionamento descontínuo, do tipo autoclaves horizontais e verticais (fig. 1.12). O aumento da temperatura dos produtos embalados acima de 100 ^{0}C é feito aquecendo a água em que são introduzidos, utilizando vapor direto, após o que é introduzido ar pressurizado na autoclave até valores de 0,15-0,2 MPa. Esta pressão se mantém constante durante todo o período de manutenção e metade do período de resfriamento, respectivamente, até que a temperatura da água caia abaixo de 100 ^{0} C. A tampa da autoclave pode ser aberta depois que a pressão interna for igual à pressão atmosférica e a temperatura da água atingir 40 -50 $^{\circ}$C.

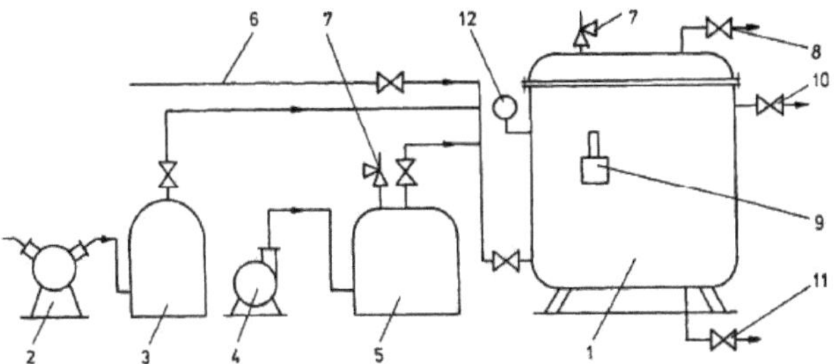

Figura 1.12. Esquema da instalação de esterilização com operação descontínua com sobrepressão de ar: 1- autoclave; 2 compressores; Tanque de ar de 3 pressões; Bomba 4 centrífuga; 5-hidróforo; Tubo de 6 vapores; Válvula de segurança 7; Válvula de 8 ventilação; 9 termômetro; 10-transbordamento; 11- tubo de esvaziamento; 12 manômetros

Os vegetais que detêm a maior participação na categoria desses enlatados são a ervilha, o feijão verde, a vagem do feijão verde e o tomate pelado.

A tecnologia de enlatar ervilhas. As ervilhas são consumidas como feijão verde enlatado, representando mais de 20% da produção de vegetais enlatados. Dado que conserva a sua qualidade durante pouco tempo no estado fresco, não devem passar mais de duas horas desde a colheita até à sua introdução no fluxo de fabrico, sendo o transporte feito em tanques isotérmicos. O esquema tecnológico para obtenção de ervilhas em conserva é apresentado na figura 1.13.

As ervilhas são submetidas a uma operação de triagem em trios (instalações com peneiras de diâmetros diferentes), sendo diferenciadas pelas qualidades em função do tamanho dos grãos. O objetivo da operação de escaldagem é retirar as substâncias da superfície dos grãos, drenadas da trituração dos tecidos vegetais (após a debulha), para amolecer os tecidos, provocando a dilatação das células e a remoção de gases e oxigénio intercelular. As ervilhas são escaldadas a 90-95 ^{0} C, variando o tempo de escaldagem entre 3-10 minutos, dependendo da sua qualidade (3-4 min. para ervilhas muito finas e 7-10 min. para ervilhas normais). O escaldamento excessivo será evitado porque o amolecimento pronunciado dos grãos favorece o fenômeno do amido. A limitação da ação do calor é feita através do resfriamento, operação seguida de triagem final.

Os recipientes são enchidos de forma que a relação entre salmoura e grãos seja ideal (para ervilhas, a parte sólida deve representar cerca de 60-65% do volume do recipiente). Ao finalizar o grão adicione a salmoura que foi previamente aquecida a 90 0C, favorecendo a retirada do ar do recipiente.

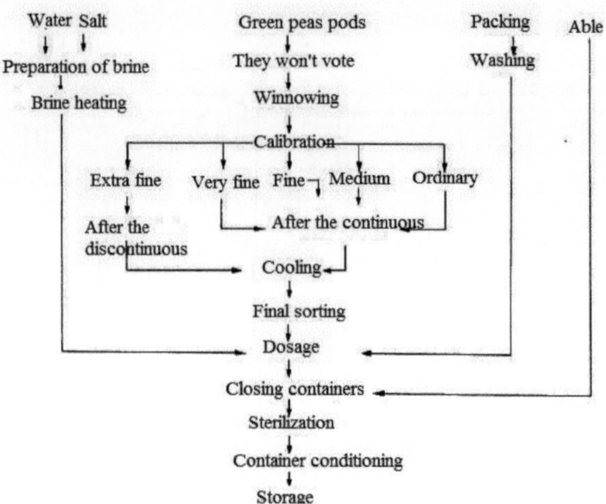

Figura 1.13. Esquema tecnológico para fabricação de ervilhas em conserva

Uma questão delicada é o fechamento dos recipientes, que, no caso das caixas, é feito de forma hermética, geralmente sob vácuo, e nos potes sob a ação do vácuo criado durante a esterilização (a tampa desempenha o papel de uma válvula que durante a esterilização permite o ar a ser retirado do frasco, sendo a vedação conseguida através do vácuo criado no frasco durante o resfriamento).

A operação de esterilização é feita de acordo com fórmula experimentalmente estabelecida e deve ser rigorosamente observada, qualquer desvio que afete a qualidade dos produtos enlatados (ex.: para ervilhas finas e muito finas, acondicionadas em caixas 1/1, a proporção é de 15-20- 15/120 (1,8atm), em que é especificada a pressão na autoclave onde é feita a esterilização).

O acondicionamento dos recipientes é feito de acordo com o tipo de embalagem e consiste, conforme o caso, em enxugá-los ou secá-los, marcá-los e rotulá-los.

Tecnologia de enlatamento de feijão verde. Para estas conservas, a matéria-prima são as vagens de feijão verde, que já atingiram a maturidade tecnológica e que devem estar tenras mas sem "fio". Normalmente, as operações no fluxo tecnológico de fabricação são apresentadas na figura 1.14.

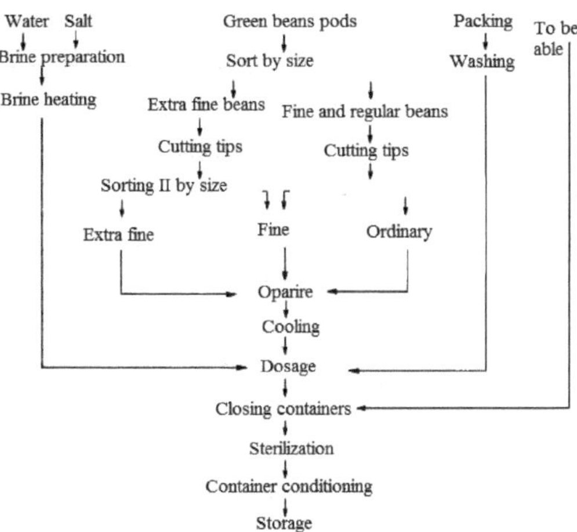

Figura 1.14. Esquema tecnológico para fabricação de feijão verde em lata

Numa primeira fase realizam-se as operações de triagem, corte das pontas e eventualmente corte das vagens em pedaços de vários comprimentos. A classificação da matéria-prima geralmente é feita de acordo com o comprimento das vagens, com exceção dos grãos gordurosos que não são classificados por tamanho.

O corte das pontas pode ser feito antes e depois da separação dos frutos.

As operações de processamento incluem principalmente escaldamento, enchimento de recipientes e esterilização. A escaldagem é feita de forma descontínua para os grãos extrafinos e de forma contínua para as demais variedades (num intervalo de tempo entre 3-8 minutos), conseguindo uma inativação das enzimas e retirando o ar dos tecidos. O resfriamento é feito com jatos de água fria, sobre uma tela metálica que também garante o escoamento da água, seguido de um controle final visando a retirada dos frutos triturados e possíveis impurezas.

A dosagem das vagens nos recipientes é feita manualmente, após o que é adicionada salmoura, na concentração de 1-2% e aquecida a 80-85 ^{0} C. A esterilização é feita em instalações com operação contínua (produtos acondicionados em caixas) ou com funcionamento descontínuo (produtos acondicionados em potes), sendo o regime térmico característico de cada sortido.

Após esterilização e resfriamento, os recipientes com o produto conservado são lavados externamente, secos, etiquetados e embalados para armazenamento.

A tecnologia das latas de tomate pelado. A matéria-prima são tomates de textura dura e que resistem bem à operação de esterilização. O esquema tecnológico de fabricação é mostrado na figura 1.15.

A retirada da casca ou da casca do tomate pode ser feita por: escaldamento com água ou vapor, por aquecimento com gases de combustão (300-340 ^{0} C e velocidade do gás de 84 m/s) ou quimicamente com solução de hidróxido de sódio.

Depois de encher os recipientes, coloque as tampas e enrole-os primeiro. A próxima operação é a de exaustão, obrigatória para essas latas, pela qual a temperatura do recipiente é levada a cerca de 75 ^{0} C e é retirado parte do ar que fica no interior.

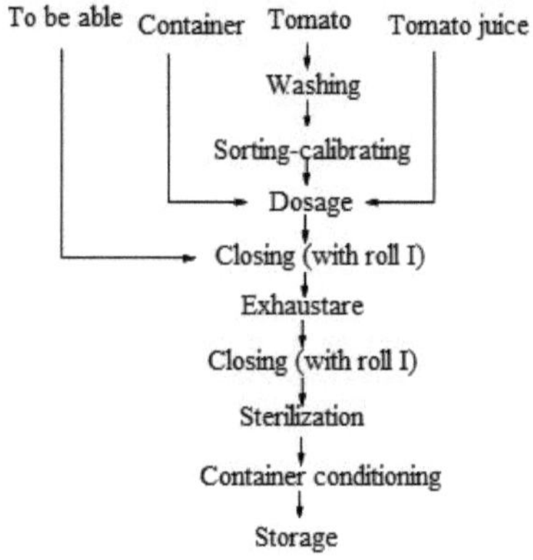

Figura 1.15. Esquema tecnológico para fabricação de tomate pelado

Após o fechamento final, os recipientes e latas são esterilizados e acondicionados assim obtidos sendo armazenados em temperaturas de até 20-30 ^{0} C.

Compota é um produto alimentar obtido por tratamento térmico de frutas em calda de açúcar, acondicionada em recipientes hermeticamente fechados, tendo a calda de açúcar a função de favorecer tanto a esterilização, como de melhorar a qualidade da compota.

Os frutos podem ser inteiros ou partidos, sendo os mais utilizados na confecção de compotas: cerejas, ginjas, ameixas, pêssegos, damascos, uvas, maçãs, peras, marmelos, ananás, etc. 6.16, sendo as linhas tecnológicas estruturadas por grupos de frutas (maçãs-peras-quintessência, cerejas-cerejas, pêssegos-damascos).

Todas as frutas são submetidas a operações de lavagem e triagem-calibração, após as quais são removidas impurezas, frutas danificadas ou verdes. As seguintes operações dependem do tipo de fruta e visam retirar as partes não comestíveis, dividi-las ou escaldá-las. Fervendo água com açúcar e filtrando esta solução obtém-se o xarope de açúcar, cuja concentração depende da concentração final da compota e do teor de açúcar dos frutos, situando-se normalmente entre 35-45%.

Após uma verificação final, a fruta é dosada manual ou mecanicamente, em recipientes de vidro ou metal, sobre os quais se despeja a calda aquecida a 60-70 ^{0} C para cerejas, ginjas e ameixas, respectivamente 80-85 ^{0} C para o restante. As frutas.

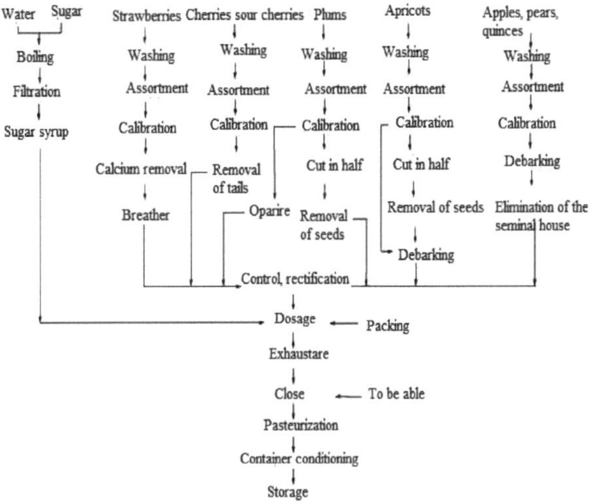

Figura 1.16. Esquema tecnológico de fabricação de compotas

Os recipientes são fechados juntamente com o exaustor, garantindo assim uma depressão entre 150-350 mm Hg, diferenciada conforme a variedade, evitando ao máximo a presença de ar nos recipientes.

O tratamento de pasteurização térmica envolve aquecer os recipientes a cerca de 100 ^{0} C, resfriar até cerca de 40 ^{0} C, e para finalizar a difusão entre a fruta e a calda, mantém-se um tempo de duas semanas em temperaturas de 10-20 ^{0} C. Por isto o estado de equilíbrio é estabelecido e as compotas podem ser enviadas para consumo.

Os cremes de vegetais e frutas são produtos alimentares obtidos por coação ou esmagamento da matéria-prima, após homogeneização resultando numa pasta de estrutura fina. O preparo e acondicionamento da matéria-prima depende da espécie e consiste em lavar, separar, retirar as partes não comestíveis. Para suavizar a textura e aumentar o rendimento da operação de penteação, a matéria-prima é aquecida a 90-95 ^{0} C.

A peneira é feita com peneira e para a obtenção de cremes finos utilizam-se grupos de peneiramento com peneiras com furos de até 0,4-0,6 mm ou moinhos coloidais. Para corrigir as propriedades físicas e sensoriais, os cremes são misturados e adicionado açúcar aos cremes adoçados.

Os cremes pré-aquecidos são acondicionados em recipientes que passam por um tratamento de conservação através de esterilização.

I.5. Tecnologia de fabricação de produtos concentrados de vegetais e frutas

Ao retirar uma quantidade significativa de água dos produtos alimentares, a atividade dos microrganismos é reduzida ou mesmo interrompida, sendo que os produtos concentrados apresentam melhor conservação. A concentração pode ser alcançada por evaporação, crioconcentração e osmose reversa.

Concentração de produtos por evaporação. Os processos de concentração são contínuos ou descontínuo e dependendo da pressão em que ocorre são: concentração à pressão normal e concentração sob baixa pressão.

A crioconcentração consiste na cristalização de parte da água contida na solução e na separação dos cristais do concentrado formado. Este procedimento apresenta algumas vantagens qualitativas muito importantes, pois evita alterações de natureza química ou organoléptica do produto, mas requer elevados custos de investimento e operação.

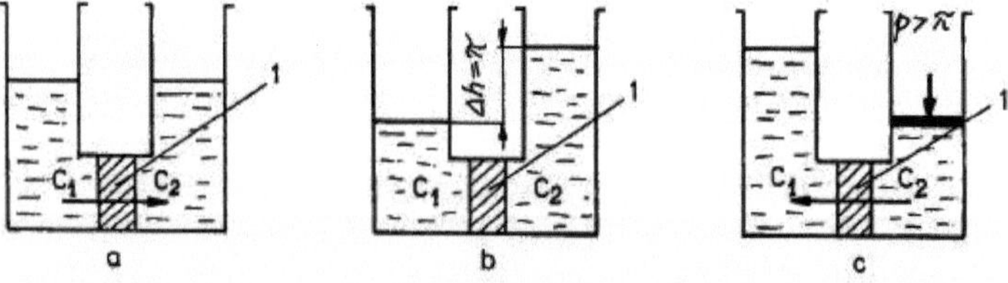

Figura 1.17. Representação do fenômeno da osmose: osmose a-direta, equilíbrio b-osmótico, c-osmose reversa, membrana 1-semipermeável.

A concentração por osmose reversa baseia-se no fenômeno pelo qual, se um líquido concentrado for submetido a uma pressão que exceda a pressão osmótica, ocorre o fenômeno da osmose reversa, ou seja, a água do líquido concentrado passará pela membrana semipermeável para água pura. (Fig. 1.17.) .

No sortimento de produtos concentrados obtidos a partir de vegetais, o extrato de tomate e o caldo têm a maior participação, sendo o grau de concentração entre 18-40%, dependendo do tipo de produto.

A matéria-prima, o tomate, deve ter o maior teor possível de matéria seca, estar uniformemente maduro, com polpa de fruto suficientemente consistente e de cor vermelha intensa. O aumento ou diminuição da substância seca em 1% face ao valor padrão (5%), determina alterações na eficiência das instalações de concentração em 15-20%, na duração do processo de fabrico, com implicações na eficiência económica .

As principais etapas do processo tecnológico (fig. 1.18) são: obtenção do suco, concentração e pasteurização do suco, acondicionamento e embalagem do produto.

Para a obtenção do suco, os tomates são lavados, separados e depois esmagados, separando-se ao mesmo tempo as sementes da polpa antes de pré-aquecê-la. Dessa forma, evita-se a passagem de taninos para o suco, resultando em uma pasta de qualidade.

O pré-aquecimento da polpa determina a transição da protopectina em pectina (melhora a consistência do produto), uma inativação parcial da atividade dos microrganismos e o aumento do rendimento da deformação. Como a cor da pasta também fica escurecida pelo aquecimento, em algumas linhas tecnológicas a polpa é coada em baixas temperaturas. A coagem tem como objetivo separar o suco das cascas, operação realizada com auxílio de peneiras, e para aumentar o rendimento é feita em duas ou três etapas.

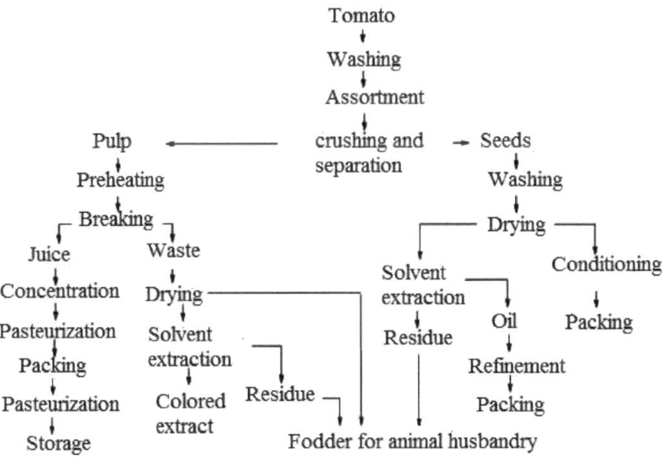

Figura 1.18. O esquema tecnológico para o aproveitamento integral do tomate

A concentração do suco é um processo que depende da concentração, temperatura e vazão do produto na entrada da instalação, bem como da concentração final correspondente às duas categorias de concentrados. Como as condições de temperatura em que ocorre o processo permitem que parte da microflora permaneça viável, a operação de pasteurização da pasta torna-se obrigatória. Uma segunda pasteurização pode ser feita após o produto ser acondicionado em recipientes herméticos (potes, caixas metálicas de diversas capacidades, barris, etc.).

Produtos concentrados obtidos de frutas. São produtos obtidos a partir de frutas aos quais é adicionado açúcar numa proporção em que, através da pressão osmótica obtida no estado líquido, tem ação anabiótica. O açúcar exerce ação de preservação do produto contra bactérias e leveduras não osmofílicas, mas para bolores e leveduras osmofílicas são necessários tratamentos de preservação térmica.

Sucos de frutas concentrados, sem adição de açúcar, tratados com enzimas pectolíticas e depectinizadas podem ser encontrados na mesma categoria de produtos, na figura 1.19 é apresentado um diagrama principal da linha tecnológica para sua produção.

A fervura, processo complexo de difusão-osmose, é a operação característica destes produtos, com o objetivo de saturar os frutos com açúcar e retirar parte da água. Distinguem-se os métodos de fervura: fervura com açúcar, fervura com calda de açúcar, em panelas de pressão, fervura após osmose fria das frutas com açúcar.

Os produtos obtidos por concentração e adição de açúcar são divididos em produtos gelificados e não gelificados.

Os gelificados concentrados são géis de frutas com açúcar, pectina e ácidos alimentares, sendo representados por compotas, marmeladas e geleias. A matéria-prima são frutos inteiros ou partidos (compotas), marmeladas, polpas ou pastas de fruta (compotas), sumos de fruta (geleias), aos quais se adicionam açúcar, ácidos alimentares (ácido cítrico, ácido tartárico) e pectina, como substância gelificante.

A propriedade da pectina de formar um gel aumenta com a sua massa molecular, sendo que o grau de gelificação (expresso em graus) representa a quantidade de açúcar em gramas, capaz de transformar um grama de pectina em um gel de consistência padrão.

O processo tecnológico de fabricação de produtos gelificados é apresentado na figura 1.20 e as características de alguns produtos acabados na tabela 1.10

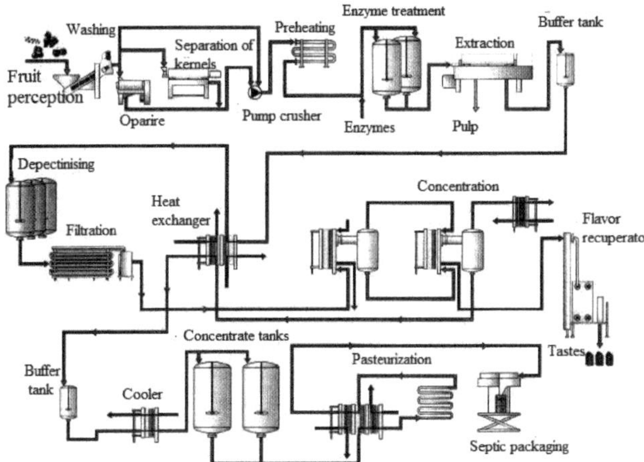

Figura 1.19. Esquema da linha tecnológica para obtenção de suco concentrado de frutas

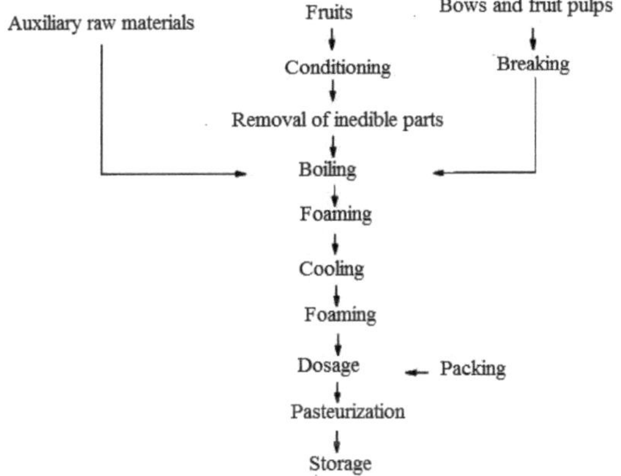

Figura 1.20. Esquema tecnológico geral para fabricação de compotas e marmeladas

Compota é um produto obtido a partir de fruta fresca ou semiconservada, na qual se deve distinguir fruta ou pedaços de fruta.

O acondicionamento da matéria-prima inclui as operações de triagem, lavagem, limpeza, corte ou divisão. Após a retirada das partes não comestíveis, a concentração é feita por fervura, embebição das frutas com açúcar e formação de gel dependendo da proporção entre pectina, açúcar e ácido.

A fervura deve ser conduzida de forma que os frutos se mantenham o mais inteiros possível, com sabor e cor específicos.

O resfriamento é a operação pela qual a temperatura do produto é reduzida para 75-80 0C, evitando assim a caramelização do açúcar e o aumento da viscosidade.

A marmelada é obtida a partir da fruta fresca, da marmelada e da polpa da fruta, fervida com açúcar, com ou sem adição de pectina e ácidos alimentares, conforme receita de fabricação.

Tabela 1.10. As principais características dos produtos concentrados gelificados

Características	Gema	Marmelada	Geléia
Substâncias solúveis a 20 ^{0} C, min 0 ref.	61	61	67-69
Acidez (málica) %, min	0,5	0,5-1,8	0,7-1,3
Impurezas minerais insolúveis%, máx.	0,1	0,05	-
Cobre mg/kg, máx.	7	15	-
Estanho mg/kg, máx.	100	100	-

As geleias são produtos gelificados obtidos a partir de sucos de frutas com adição de açúcar, ácidos alimentares e pectina. Os sucos utilizados como matéria-prima são provenientes de frutas com sabor e cor bem definidos e previamente clarificadas, o que determina a obtenção de produtos transparentes e brilhantes.

Os produtos concentrados não gelificados são representados por doçura, xarope de frutas magiun, pasta de frutas e frutas cristalizadas. As principais características desses produtos são apresentadas na tabela 1.11.

Doçura é um produto obtido pela incorporação de frutas (inteiras ou divididas) em uma massa de xarope concentrado e não gelificado.

A matéria-prima é fruta fresca da melhor qualidade, proveniente de uma única espécie. As principais etapas do processo de fabricação incluem o condicionamento da matéria-prima, fervura ou concentração e embalagem do produto acabado.

O acondicionamento inclui a lavagem, obrigatória para todos os tipos de fruta, a triagem (que se repete 2 a 3 vezes) e, dependendo do tipo de fruta, a retirada das partes não comestíveis (caudas, sementes, vagens) e a divisão ou corte em diferentes formatos. (metades)., quartos, cubos, macarrão, etc.).

Tabela 1.11. As principais características de alguns concentrados não gelificados

Características	Docinho	Xarope de frutas	Pasta de frutas
Fruta %	45-55	-	-
Substâncias solúveis a 20 ^{0} C, min ^{0}	72	68	58
ref.	0,7	1	0,8-1,5
Acidez (málica) %, min	0	0,07	0,10

Impurezas minerais insolúveis%, máx.	10	12	10
Cobre mg/kg, máx.	100	100	100
Estanho mg/kg, máx.			

A fervura das frutas com açúcar ou calda de açúcar é feita durante um período de 20-40 minutos, dependendo da espécie, após o qual o produto é resfriado tanto para garantir uma melhor homogeneização e difusão, como para evitar a caramelização do açúcar.

Depois de acondicionada em recipientes herméticos, a compota passa por uma operação de pasteurização, podendo assim ser entregue aos consumidores.

Xaropes de frutas são produtos obtidos a partir de sucos de frutas aos quais foram adicionados açúcar e ácidos alimentares, sendo utilizados na fabricação de refrigerantes ou produtos de confeitaria.

A matéria-prima geralmente são sucos de frutas conservados com dióxido de enxofre. A tecnologia de fabricação prevê a dessulfatação de sucos com recuperação de sabores, na forma de produto concentrado e sua incorporação em calda. A fervura do suco com açúcar deve ser feita com cuidado para evitar perda de sabor. Ao mesmo tempo, uma fervura longa provoca a inversão do açúcar com a melhoria da qualidade da calda, e para favorecer a fervura são adicionados ácido tartárico e ácido cítrico, proporcionais à acidez inicial do suco.

As frutas cristalizadas são produtos obtidos pela impregnação de frutas com grandes quantidades de açúcares (até 80% solúveis em EUA). A matéria-prima é fruta fresca (inteira ou partida) ou fruta conservada por sulfitagem.

Após um condicionamento primário (lavagem, triagem, limpeza, divisão) os frutos são escaldados, operação que retira o conservante, amolece parcialmente os tecidos vegetais favorecendo o posterior processo de osmose.

A confecção é a operação pela qual os frutos passam por banhos com calda de concentrações progressivamente aumentadas, a partir de 36 ^{0}ref. em 80 ^{0}ref. , a temperaturas próximas de 100 ^{0}C, após o que os frutos destinados ao consumo direto são cobertos por uma camada de finos cristais de açúcar (glaceamento).

Magiun é o produto obtido pela concentração de ameixas fervendo-as, geralmente sem elas adição de açúcar, atingindo a umidade do produto cerca de 35%.

I.6. Tecnologia de fabricação de bebidas a partir de vegetais e frutas

De acordo com o método de produção, as bebidas à base de vegetais e frutas podem ser classificadas da seguinte forma:

1 - bebidas não alcoólicas (sucos claros ou de polpa, refrigerantes);

2 - bebidas alcoólicas: não fermentadas (licores, tortas), fermentadas (sidra, sucos fermentados) e destiladas (aguardentes de frutas);

Tecnologia de fabricação de sucos de frutas claros. A matéria-prima são espécies frutíferas suculentas, de consistência macia e com baixo teor de substâncias pécticas e amido, e a relação açúcar/acidez é superior a 10/1. Desta forma, os sucos obtidos são ricos em frutose, ácido málico, cítrico e tartárico, vitaminas e sais minerais.

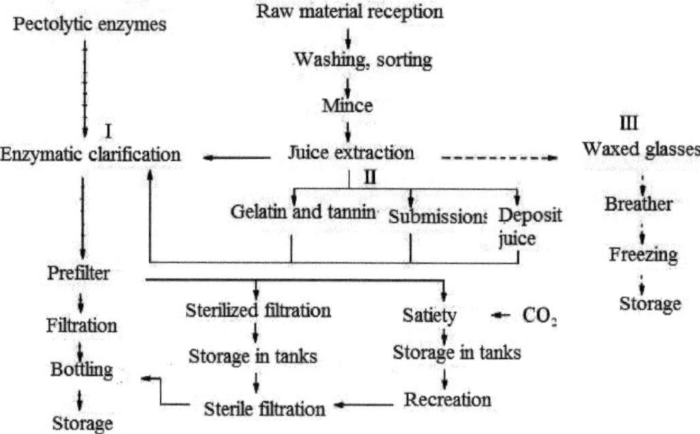

Figura 1.21. Esquema tecnológico geral para fabricação de sucos claros de frutas: método I-Alfa-Laval, II-filtração esterilizante e saturação com dióxido de carbono, III-conservação a frio.

O processo de fabricação depende do método de conservação do suco de fruta (fig. 1.21).

A trituração é uma operação realizada por raspagem ou esmagamento e aplicada em frutos maiores, aumentando assim o rendimento na separação do suco. Um tratamento preliminar aplicado em alguns casos é a maceração enzimática da polpa com preparações enzimáticas, durante duas horas a temperaturas de 40-45 ^{0} C, com o objectivo de degradar as substâncias pécticas das paredes celulares, extraindo melhor os aromas e corantes das a polpa da fruta.

A extração do suco pode ser feita por vários métodos:

- extração por prensagem: é o método mais utilizado, resultando em um suco com alta viscosidade e alto percentual de partículas em suspensão, mas o rendimento de extração é baixo (60-70%);
- extração por centrifugação: obtém-se um suco límpido, cujo rendimento da operação depende do grau de trituração da matéria-prima e do tempo de centrifugação;
- extracção por difusão: o sumo obtido é de boa qualidade, atinge o melhor rendimento (90-95%) e a produtividade é elevada; porém, o suco é diluído em água de difusão e é necessário separá-lo.

A clarificação do suco tem como objetivo retirar as partículas em suspensão (grossas ou finas) e alterar o sistema coloidal do suco, utilizando diversos métodos para isso:
- autoclarificação: complexo processo de decantação bioquímica através do qual, após algum tempo, o suco se separa em duas fases, líquida e sólida, pela ação de enzimas sobre a pectina que, desmetoxilada, forma pectantes com íons metálicos que sedimentam e pela formação de taninos insolúveis resultantes da reação entre as substâncias proteínas e taninos do suco;
- clarificação por aquecimento rápido: separa as suspensões do suco como resultado da coagulação das proteínas; isso é conseguido aquecendo o suco a 75-80 ^{0} C por 8 a 10 segundos, seguido de resfriamento rápido a 10-20 ^{0} C;
- clarificação enzimática: baseia-se na hidrólise da pectina do suco com auxílio de preparações pectolíticas (Aspergol, Pectinol), favorecendo a sedimentação das suspensões e é realizada de duas formas: a frio (a 10-12 ^{0} C por 12-24 horas) ou quente (a 40-45 ^{0} C por 1-4 horas);
- esclarecimento por colagem; é aplicado em todos os sucos por meio de soluções de taninos e gelatina que insolúveis os colóides e proteínas do suco; a colagem é feita adicionando na primeira fase o tanino (1%) e após agitação a gelatina (3%);
- clarificação com bentonita: na concentração de 0,1-0,3%, a bentonita tem a propriedade de absorver, agregar e sedimentar os colóides do caldo, em sua presença substâncias tanóides formando combinações insolúveis com proteínas;

- clarificação por centrifugação: remove suspensões grosseiras, grande parte de microrganismos mas não suspensões coloidais, tendo o método uma elevada produtividade;

- clarificação por filtração: garante a estabilidade do suco eliminando sedimentos, utilizando pano, celulose, amianto, terra infusori (kiselgur, diatomita, silício fóssil) como materiais filtrantes.

O suco de fruta obtido após clarificação, tanto o destinado ao consumo imediato quanto o que será conservado por um período de tempo, passa pela operação de conservação por pasteurização rápida ou baixa (para sucos embalados), com dióxido de carbono (15 g de CO_2 garante a conservação, em determinadas condições de temperatura e pressão, de um litro de sumo), por congelação, com conservantes químicos (dióxido de enxofre , ácido sórbico, vitamina K), por concentração e desidratação.

A tecnologia de fabricação do suco de polpa preserva integralmente o valor nutricional dos vegetais e frutas, seu sabor e aroma.

A matéria-prima, que deve atender às mesmas condições da obtenção dos sucos límpidos, após o condicionamento primário é submetida ao pré-aquecimento a 92-95 ^{0} C, a fim de suavizar a textura, inativar as enzimas e aumentar o rendimento do suco.

A obtenção do suco com polpa é conseguida por:

- coar, resultando num suco com fluidez reduzida;
- pressionando, obtém-se um suco mais fluido e com baixo teor de polpa;
- desintegração, obtém-se uma fina trituração da matéria-prima.

As qualidades sensoriais e características físicas do produto são corrigidas pela mistura (mistura de diferentes sucos) ou pela adição de xarope de açúcar (40-60%). Para melhorar o aspecto e a estabilidade (tendem a sedimentar com o tempo) os sucos com polpa são submetidos a operações de homogeneização (reduzindo o tamanho das partículas para 50-100 µ) e desaeração. Devido ao fato do ar dissolvido no produto provocar a oxidação de substâncias orgânicas, a desaeração é uma operação obrigatória.

Após o engarrafamento, os sucos com polpa são submetidos a um tratamento de conservação, sendo o método mais utilizado a esterilização térmica.

Os sucos com polpa obtidos pela homogeneização de purês de frutas com calda de açúcar, com adição de ácido ascórbico ou cítrico, são chamados de néctares.

Tecnologia de fabricação de refrigerantes. Os refrigerantes são produtos alimentares obtidos a partir de sucos naturais diluídos em água, aos quais são adicionados açúcar, sabores, corantes, submetidos à saturação com dióxido de carbono (fig. 1.22).

Os refrigerantes são acondicionados em garrafas de vidro ou plástico, sob pressão de 0,2 MPa, levando o nome da fruta de onde provêm.

Bebidas alcoólicas de frutas não fermentadas. São obtidos alcoolizando, adoçando e aromatizando um suco de fruta.

Os frutos colhidos em plena maturidade são submetidos ao condicionamento primário, após o qual são acondicionados em recipientes. A estes adiciona-se 35-45% de açúcar e após 4-5 dias, como resultado da fermentação, separa-se uma porção de suco que, filtrado, é alcoolizado na concentração desejada. A aromatização resulta do suco extraído ou também pode ser feita com macerados de plantas.

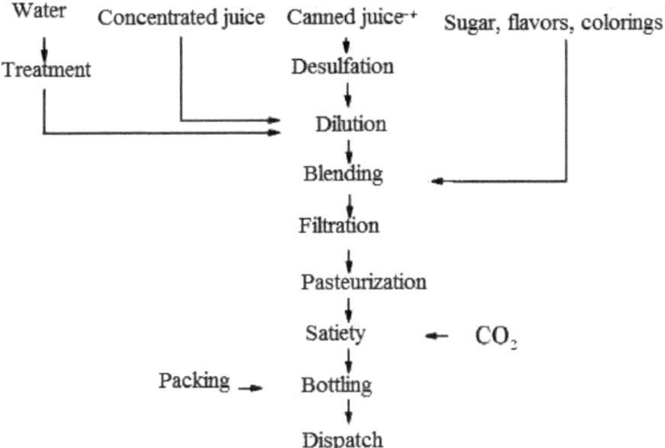

Figura 1.22. Esquema tecnológico para fabricação de refrigerantes

Bebidas alcoólicas fermentadas de frutas. A bebida mais representativa é a cidra, obtida pela fermentação alcoólica de sucos de frutas. A matéria-prima para fazer a cidra são as maçãs, mas também podem ser utilizadas peras, groselhas, cerejas e, menos frequentemente, ameixas, morangos ou mirtilos.

Após a extração, o suco passa por correção de açúcar e acidez. cirurgia

a fermentação básica é semelhante à fermentação alcoólica. Para obter uma sidra de alta qualidade, utilizam-se leveduras selecionadas e baixas temperaturas de fermentação para preservar os aromas e incorporar grande quantidade de CO2 ao suco.

A clarificação é feita por filtração, colagem, centrifugação e preservação por pasteurização ou sulfitagem, sendo o produto mantido à temperatura de 8-10 ^{0}C.

Bebidas alcoólicas destiladas de frutas. São produtos obtidos pela fermentação do borhot e dos sucos de frutas fermentados, são chamados de aguardentes naturais e têm como principais componentes a água e o álcool etílico.

O processo tecnológico de fabricação de destilados (fig. 1.23.) tem como principais etapas: preparação da matéria-prima, fermentação, destilação, retificação, condicionamento e envelhecimento. Para transformar a matéria-prima em um produto facilmente fermentável, ela é triturada, coada ou dissolvida em água morna.

Para a fermentação de borhots e sucos de frutas, recomenda-se a utilização das leveduras Saccharomices cerevisiae e Saccharomices ellipsoideus, preparando previamente uma levedura com a qual se semeia a massa de fruta triturada (a quantidade é de 5-10%). A fermentação alcoólica realiza a transformação, sob a ação de leveduras, do açúcar da fruta em álcool etílico e CO_2.

A duração do processo de fermentação é de 7 a 14 dias, dependendo da natureza e quantidade do produto fermentado, da qualidade das leveduras e da temperatura. Recomenda-se que a fermentação comece a 17-20 ^{0} C, sendo o valor ideal 26-28 ^{0} C, sendo o processo normal quando o pH da matéria está entre 3,0-4,0.

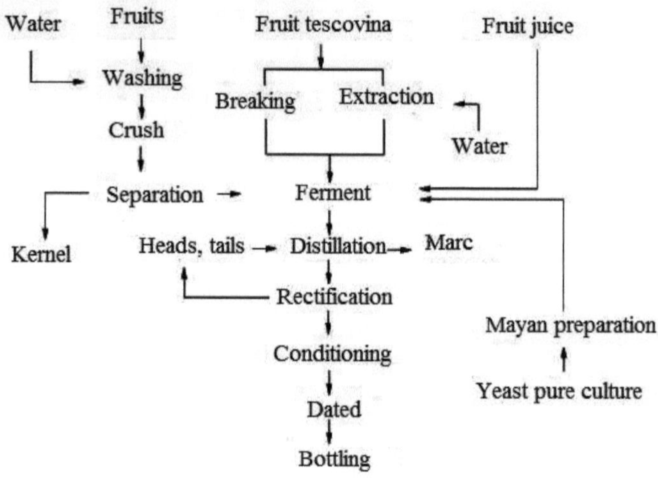

Figura 1.23. Esquema tecnológico para fabricação de aguardentes naturais de frutas

O produto fermentado é submetido à operação de destilação através da qual são extraídos o álcool e os produtos voláteis. Ao destilar, você deve saber que três leis gerais se aplicam a este processo:

- a temperatura de ebulição de uma mistura depende da razão de concentração dos dois componentes e é função da concentração na substância mais volátil;

- a razão de concentração dos componentes nos vapores depende da razão de concentração no líquido submetido à destilação;

- a concentração alcoólica dos vapores condensados é superior à do líquido submetido à destilação e depende da temperatura de ebulição;

A retificação é uma destilação fracionada, com o objetivo de obter um líquido com maior concentração de álcool e alta pureza. Na primeira fase são liberados vapores que contêm as substâncias mais voláteis como acetona, aldeídos, álcool metílico e são chamados de testas. Na fase seguinte é liberado o álcool etílico que representa a própria aguardente e, na fase final, são liberados vapores de baixo teor alcoólico, conhecidos como caudas.

O acondicionamento de aguardentes naturais é um processo complexo que inclui operações de lotação, diluição, correção e clarificação, operações que são realizadas de forma a obter um produto homogéneo e de sabor agradável.

O envelhecimento das aguardentes é feito armazenando-as durante 1 a 3 anos em barricas de madeira. Durante o envelhecimento, as substâncias polifenólicas da madeira dos vasos dissolvem-se em álcool, processos de oxidação dos álcoois com formação de ácidos que reagem com os álcoois para formar ésteres.

Para além das aguardentes obtidas pelo método apresentado, existem também aguardentes especiais, obtidas por tecnologias específicas, tais como: aguardente superior, slibovita, damasco superior, aguardente de pêra, etc.

I.7. Tecnologias de valorização de subprodutos

O processamento de hortaliças e frutas resulta em quantidades significativas de desperdícios, restos, restos, ricos em princípios nutricionais e que, através de processamento posterior, podem levar à obtenção de produtos alimentícios ou matérias-primas auxiliares. Nesta categoria podem ser incluídos vinagre alimentar de frutas, pectina, enzimas e corantes naturais.

O vinagre alimentar é o produto da fermentação obtido pela oxidação enzimática do álcool de alguns líquidos com teor alcoólico moderado. A oxidação do álcool em ácido acético ocorre no processo de fermentação acética, sob a ação de alguns microrganismos do grupo Bacterium aceti. O esquema tecnológico para obtenção de vinagre alimentar a partir de frutas é apresentado na figura 1.24.

A matéria-prima para a fabricação do vinagre são frutas (maçãs, peras, ameixas) e vinhos com baixo teor alcoólico. Utiliza-se especialmente suco de fruta, rico em substâncias orgânicas e que constitui um ambiente favorável à fermentação acética.

Após a fermentação alcoólica, o suco é separado do sedimento, é clarificado e após a correção com álcool alimentar, sofre fermentação acética, acrescentando-se previamente, no líquido alcoólico, uma mistura nutritiva composta por fosfato de amônio, magnésio, cálcio e potássio. . O próprio processo de acetificação tem uma duração que depende do método de obtenção (rudimentar, lento, rápido).

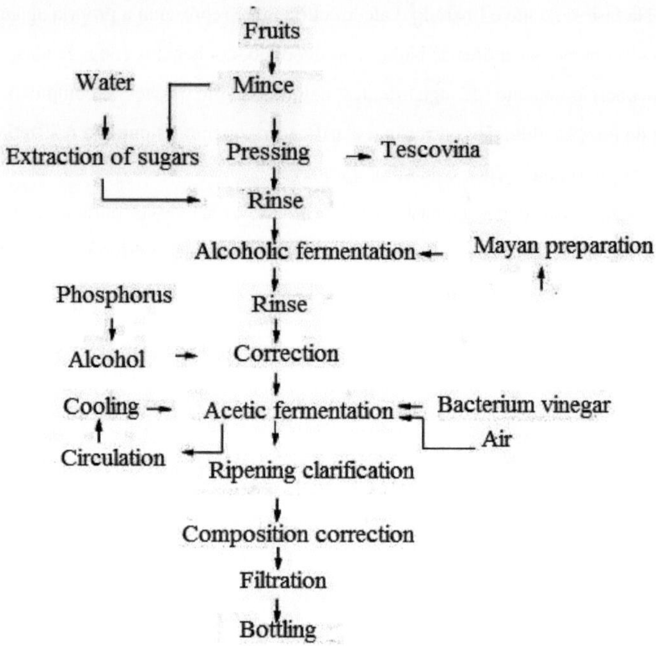

Figura 1.24. Esquema tecnológico para obtenção de vinagre de frutas

O vinagre recolhido é mantido durante pelo menos um mês em recipientes para maturação-clarificação, após o que é feita uma correção de composição, seguida de filtração, engarrafamento, armazenamento temporário e entrega.

A pectina alimentar é obtida a partir do bagaço de maçã resultante da fabricação de sucos e pode ser apresentada na forma de solução concentrada, respectivamente seca na forma de pó. A pectina fresca, que representa aproximadamente 35% da matéria-prima submetida ao processamento, assim como a úmida, deve ser submetida a processos tecnológicos porque após algumas horas começa a fermentar, reduzindo assim o poder gelificante da pectina. A preservação do pomelo em condições adequadas é feita por desidratação a 78-90 0C a uma umidade de 6-8% e tratada periodicamente com dióxido de enxofre para combater o ataque de pragas. No estado desidratado, o mirtilo apresenta teor de pectina entre 5-20%.

A matéria-prima frequentemente utilizada para obtenção da pectina, em áreas onde não existem culturas cítricas, é o bagaço de maçã, o esquema tecnológico para obtenção da pectina é apresentado na figura 1.25.

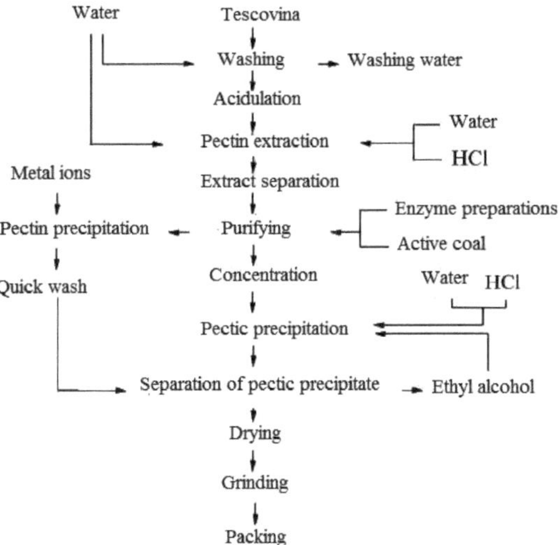

Figura 1.25. Esquema tecnológico para obtenção de pectina a partir de bagaço de maçã

Antes de ser submetido ao processamento, o bagaço de maçã é lavado com água até a temperatura de 40 ^{0} C, condições nas quais as perdas de pectina são mínimas, sendo removida apenas a pectina solúvel com reduzido poder gelificante.

Para extrair a pectina, a tescovina é acidificada a pH = 2-3 com uma solução de ácido clorídrico ou ácido sulfúrico. É aquecido a 85-95 ^{0} C com adição de água para extração em três etapas sucessivas, sendo a última sem acidulação. As três soluções de extrato protéico resultantes da drenagem são resfriadas a 40 ^{0} C e homogeneizadas com o líquido resultante da prensagem do bagaço. O processo de extração deve ser gerenciado e acompanhado cuidadosamente, de forma a obter uma pectina com alto grau de gelificação.

O extrato de péctica é submetido a uma operação de purificação com o auxílio de preparações enzimáticas ou carvão ativado, após a qual são removidos o amido, as substâncias proteicas, bem como os compostos que conferem turvação e cor escura ao líquido.

A solução de extrato contém cerca de 0,15-0,40% de substâncias pécticas e, portanto, concentra-se em instalações de vácuo, onde a temperatura máxima não deve ultrapassar 60 ^{0} C, atingindo uma concentração de cerca de 12%. A pectina é precipitada com álcool etílico em meio de ácido clorídrico, resultando em uma massa fibrosa que é separada por filtração. O álcool utilizado na lavagem e precipitação é recuperado, sendo reintroduzido no circuito. Em algumas situações, a precipitação da pectina é feita com auxílio de íons metálicos polivalentes (como os de alumínio), diretamente do extrato péctico, caso em que a concentração a vácuo não é mais necessária .

O precipitado péctico é submetido à desidratação em instalações de secagem a vácuo, a temperaturas máximas de 75-80 ^{0} C, até que o produto acabado atinja uma umidade de 4-5%, é moído e acondicionado em sacos, sendo o armazenamento feito em salas secas. com atmosfera controlada.

II. Reologia da polpa de carambola (Averrhoa Carambola L.)
II.1. Introdução

O processamento de produtos de frutas utiliza características reológicas não apenas para controle de qualidade do produto, mas também para dimensionamento de equipamentos, sistemas de tubos, trocadores de calor, filtros e bombas [1]. Os resultados relatados para polpa de manga [2], suco de abacaxi [1], polpas de manga e abacaxi [3], misturas ternárias de polpa de manga, sucos de laranja e cenoura [4] mostraram que alguns componentes, como sólidos suspensos insolúveis, têm influência especial sobre o comportamento reológico.

A polpa da carambola é uma suspensão de 16,35% em peso de sólidos em água. O meio líquido contém cerca de 8,9% em peso de sólidos solúveis [5]. Espera-se que partículas sólidas suspensas em meio líquido apresentem comportamento intermediário entre um sólido e um líquido puro. A fase sólida influencia a reologia pela concentração volumétrica do sólido, pela forma e distribuição do tamanho das partículas e pelas forças de atração-repulsão [6]. O comportamento reológico de um suco é fortemente afetado pelas propriedades físicas e químicas [2], dependendo do tipo de fruta e dos tratamentos de processamento, como tratamento enzimático, pasteurização ou concentração. Sucos clarificados e despectinizados apresentam comportamento newtoniano, enquanto polpas e sucos concentrados não seguem a lei de viscosidade de Newton [3, 7]. Segundo Holdsworth [8], a maioria das polpas e sucos apresentam comportamento pseudoplástico, com a viscosidade diminuindo à medida que a taxa de cisalhamento aumenta.

Os principais fatores que afetam a viscosidade em fluidos com concentração de sólidos inferior a 5% em peso são a fração volumétrica de sólidos, as características do meio e a temperatura [9]. À medida que a proporção de sólidos aumenta, as partículas apresentam interações mais fortes, e o comportamento reológico torna-se não newtoniano, dependendo da forma, tamanho e distribuição das partículas, densidade e tipo de interação [10, 11]. O objetivo deste relatório é estudar as características reológicas da polpa de carambola bruta, pasteurizada e homogeneizada. Filtração e concentração foram realizadas em laboratório para avaliar o efeito do sólidos suspensos na viscosidade da polpa.

II.2. Materiais e métodos

II.2.1. Obtenção da polpa da carambola

A Figura 2.1 mostra um esquema das etapas de processamento utilizadas para obtenção da polpa da carambola. A carambola, proveniente de São Paulo, Brasil, safra 2003, foi adquirida no mercado local de Florianópolis, Brasil, em quantidade suficiente para os testes. Os frutos foram selecionados pela cor, lavados em solução de 0,5 g kg^{-1}de ácido ascórbico. A polpa foi extraída em extratora Brameitar. Parte da polpa bruta foi congelada a -18°C e utilizada como padrão. O restante foi tratado com a mistura enzimática Pectinex Ultra SP-L (Novozymes) sob 1 mL L-1 e 50 - 55°C por 1 h e passado por filtro de malha de 50 mm. A polpa foi acondicionada em sacos de polipropileno e pasteurizada a 100°C por 10 min.

Amostras de diferentes etapas de processamento foram congeladas para análise posterior. Amostras da polpa bruta e pasteurizada foram concentradas em rotavapor a 70°C até atingir 50% do seu volume inicial. A filtração foi realizada em papel filtro de 14 mm .

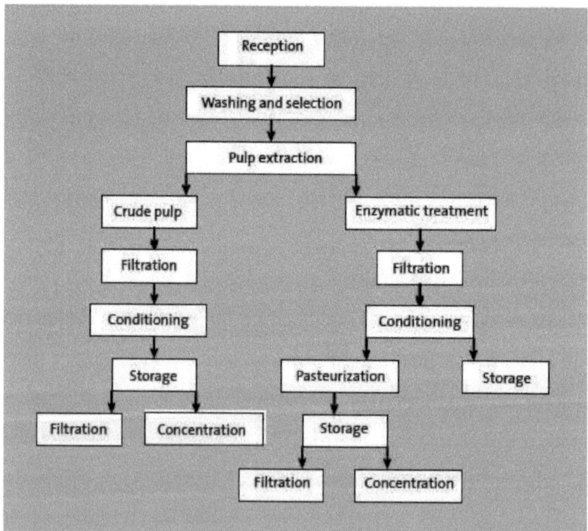

Figura 2.1. Esquema da produção de polpa de carambola

II.2.2. Análise

O teor de sólidos solúveis e insolúveis foi medido de acordo com a AOAC [12]. Os testes foram repetidos 3 vezes. A microscopia óptica foi realizada em microscópio Olympus BX40 para estimar o diâmetro das partículas. As medidas reológicas foram realizadas a 25°C em viscosímetro rotacional Thermo Haake VT 550, utilizando geometria cilíndrica concêntrica, em taxa de cisalhamento ascendente e descendente. Os parâmetros estatísticos foram avaliados para quatro modelos ajustados aos dados experimentais:

Newton$\tau = \eta\dot{\gamma}$

Bingham$\tau = \tau_0 + \eta\dot{\gamma}$

Poder da lei$\tau = K\dot{\gamma}^n$

Bingham – Lei da Potência$\tau = \tau_0 + K\dot{\gamma}^n$

onde τ está a tensão de cisalhamento (Pa), $\dot{\gamma}$ a taxa de cisalhamento (s^{-1}), μa viscosidade (mPa·s),τ_0 a tensão de escoamento (Pa), K o índice de consistência (Pa· s^n) e n o índice de comportamento reológico.

II.3. Resultados e discussão

Como não foi observada histerese durante taxas de cisalhamento ascendente-descendente, a polpa da carambola não é um fluido tixotrópico ou reopético. A Figura 2.2 ilustra seu comportamento reológico para o caso do produto pasteurizado que é estável em taxas de cisalhamento mais altas. No entanto, foram observadas instabilidades em baixas taxas de cisalhamento, como mostrado na Figura 2.3, devido a restrições dos equipamentos de medição. Tais instabilidades também foram observadas para água destilada [11, 13, 14]. Modelos de Newton, Bingham, Power Law e Bingham-Power Law foram ajustados em dados experimentais e parâmetros estatísticos foram encontrados (Tab. 2.1). Todos os modelos ajustaram-se bem aos dados experimentais, com valores de coeficiente de determinação superiores a 0,97. Para os comportamentos de Newton e Bingham, as viscosidades são muito próximas daquelas determinadas experimentalmente, e a tensão de escoamento é desprezível considerando a instabilidade na região próxima à deformação de cisalhamento zero. Os testes estatísticos mostraram a tensão de escoamento como um parâmetro não significativo em vários outros casos estudados neste artigo. Modelos mais complexos como os modelos Power Law e Bingham-Power Law, com índice de consistência, K , e índice de comportamento reológico, n , não se ajustam melhor conforme mostrado pelos valores de R. Resultados semelhantes foram encontrados para outras situações estudadas, e um comportamento newtoniano foi considerado satisfatório para descrever os resultados. A viscosidade foi praticamente constante para valores de taxa de cisalhamento superiores a 200 s^{-1} , e para o caso da Figura 2.2 foi de 2,28 $\pm$0,17 mPa·s.

A polpa da carambola é um fluido com baixo teor de sólidos solúveis, em torno de 9 g por 100 mL [5], em comparação com outras frutas como manga e abacaxi, com teor de sólidos de 16,60 g por 100 mL e 13,30 g por 100 mL [3], respectivamente. Como o comportamento reológico é influenciado pelo teor de sólidos em suspensão [1, 2], isso pode justificar seu comportamento newtoniano.

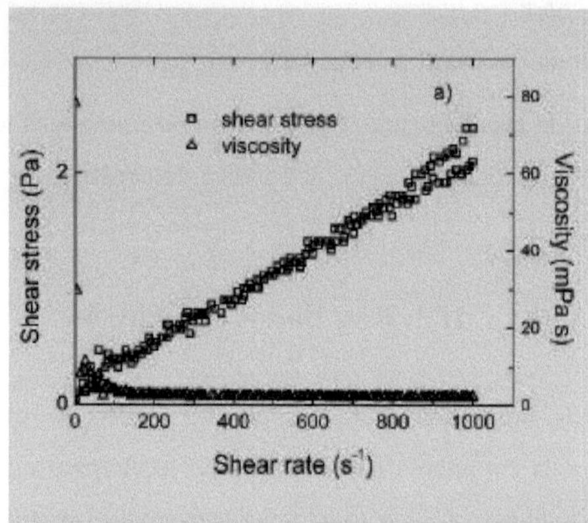

Figura 2.2. Comportamento reológico da polpa pasteurizada de carambola.

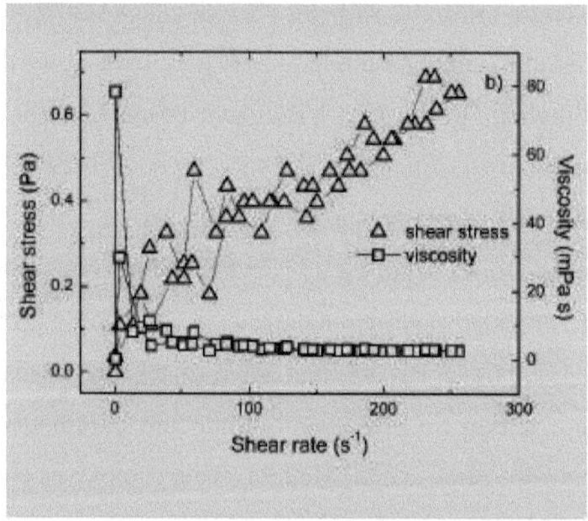

Figura 2.3. Comportamento do fluxo na faixa de baixa taxa de cisalhamento.

Tabela 2.1. Parâmetros médios do modelo ajustados à polpa pasteurizada.

Model	μ (Pa s)	τ_0 (Pa)	K (Pa s^n)	n	R
Newton	0.0022				0.9784
Bingham	0.0020	0.1355			0.9850
Power Law			0.0053	0.8679	0.9830
Bingham-Power Law		0.1542	0.0016	1.029	0.9850

A Figura 2.4 mostra a variação da viscosidade em função da taxa de cisalhamento para polpa bruta, tratada enzimaticamente e pasteurizada. O comportamento newtoniano é observado para as três polpas, com valor de viscosidade constante diferente para cada uma. A viscosidade de 1,84 ±0,12 mPa·s, encontrada para a polpa bruta, diminui para 1,22 ±0,13 mPa·s após o tratamento enzimático. Segundo Whitaker [15], enzimas comerciais são misturas de diversas enzimas como celulases, hemicelulases e outras enzimas pécticas. Entre as enzimas pécticas, poligalacturonases, pectina liases, pectina metil esterases, ramnogalacturonases e hidrolases, galactanases, glucanases, proteases e outras enzimas degradam a pectina altamente ramificada e tornam os sacarídeos e proteínas solúveis nas paredes celulares das plantas. Essas enzimas também atuam nas lamelas médias, responsáveis pela união das células, enfraquecendo o tecido formador de partículas.

O tecido vegetal começa a amolecer a 55°C, e a resistência das partículas ao fluxo diminui após este tratamento. Na Figura 2.4 observa-se também que a viscosidade aumenta de 1,22 ±0,13 para 2,28 ±0,17 mPa·s após a pasteurização. O calor úmido utilizado neste processo promove inchaço e retenção de água entre as cadeias de celulose, aumentando o volume das partículas suspensas [16]. Além disso, ocorre solubilização da pectina na polpa [17, 18], resultando em maiores valores de teor de sólidos solúveis, 8,90 na polpa bruta e 11,20 na polpa pasteurizada (Tab. 2.2). Ambas as características contribuem para o aumento da viscosidade do fluido.

A homogeneização é um processo que tem como objetivo quebrar partículas grandes, promovendo a formação de um sistema de partículas de tamanho uniforme. A aplicação desta operação a um sistema de processamento não só aumenta a concentração de sólidos solúveis, uma vez que desintegra partículas e células, mas também a quantidade de sólidos em suspensão.

A Figura 2.5 ilustra a influência da homogeneização na viscosidade da carambola pasteurizada

polpa. A viscosidade da polpa pasteurizada diminui à medida que a intensidade de homogeneização aumenta. A Tabela 2 apresenta valores de viscosidade, teor de sólidos solúveis e insolúveis e diâmetro de partícula para diferentes intensidades de homogeneização aplicadas à polpa bruta, tratada enzimaticamente e pasteurizada. Pode-se observar que a homogeneização não influenciou o teor de sólidos solúveis da amostra bruta, sendo um método inadequado para liberar quantidades significativas de sólidos no interior das partículas constituídas de células vegetais brutas. A diminuição da viscosidade da suspensão pode ser justificada pela baixa cominuição das partículas de carambola. O diâmetro da partícula, Dp , também é apresentado na Tab. 2.2.

As enzimas maceram o tecido vegetal [19] promovendo uma hidrólise seletiva dos sacarídeos da lamela média, compostos principalmente por pectina, preservando a integridade do tecido [15]. Durante o tratamento enzimático ocorre concomitantemente: a) amolecimento das partículas em suspensão com diminuição da resistência ao fluxo e da viscosidade, b) manutenção do tamanho das partículas e c) o teor de sólidos solúveis é mantido constante.

Por outro lado, o tratamento térmico cozinha o tecido vegetal mas não é suficiente para degradar as partículas. Porém, a pectina solubiliza e estabiliza os colóides e, como consequência, observa-se um aumento no teor de sólidos solúveis. A estabilização é provavelmente devida ao equilíbrio de cargas e é rapidamente destruída pela homogeneização.

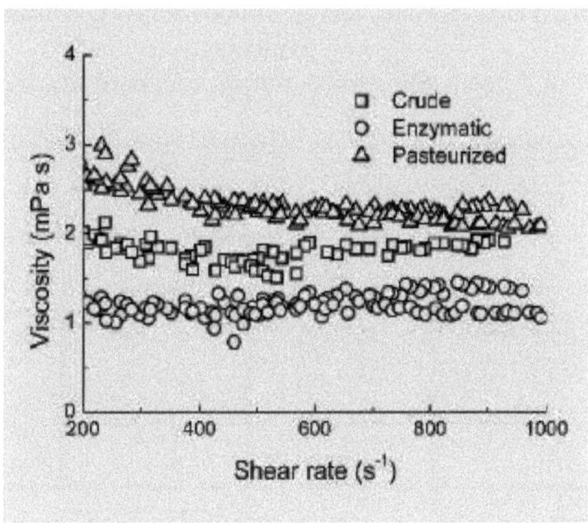

Figura 2.4. Comportamento reológico da polpa de carambola após diferentes tratamentos

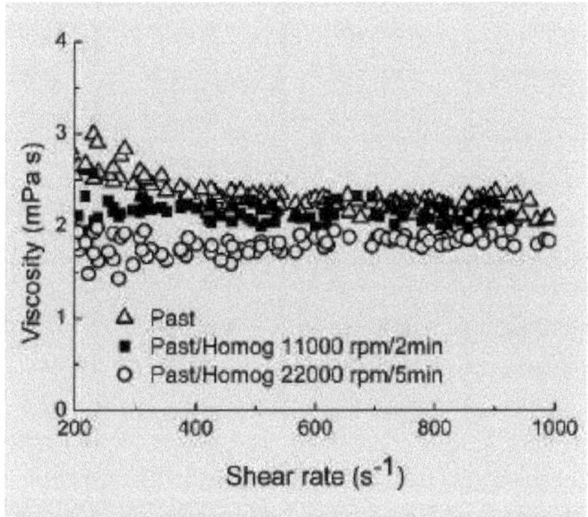

Figura 2.5. Comportamento reológico da polpa pasteurizada e homogeneizada.

Tabela 2.2. Viscosidade (mPa·s), teor de sólidos solúveis e insolúveis (g 100mL $^{-1}$) e partículas
diâmetro (m m) para polpa bruta, tratada enzimaticamente e pasteurizada.

	Treatments		
	Crude		
	No homogenization	11000 rpm for 2 min	22000 rpm for 5 min
Viscosity (mPas)	1.84 ± 0.12	1.61 ± 0.05	1.45 ± 0.06
Sol. Solids (g100mL^{-1})	8.90 ± 0.05	8.80 ± 0.06	8.80 ± 0.06
Ins. Solids (g100mL^{-1})	5.15 ± 0.06	5.25 ± 0.05	5.25 ± 0.05
D_p (µm)	73.90 ± 2.19	72.42 ± 1.06	64.10 ± 1.06
	Enzymatic treatment		
	No homogenization	11000 rpm for 2 min	22000 rpm for 5 min
Viscosity(mPas)	1.22 ± 0.12	1.15 ± 0.11	1.08 ± 0.12
Sol. Solids (g100mL^{-1})	8.80 ± 0.06	8.70 ± 0.06	8.70 ± 0.05
Ins. Solids (g100mL^{-1})	5.25 ± 0.06	5.35 ± 0.06	5.35 ± 0.05
D_p (µm)	73.07 ± 1.05	57.10 ± 0.96	43.19 ± 0.93
	Pasteurized		
	No homogenization	11000 rpm for 2 min	22000 rpm for 5 min
Viscosity (mPas)	2.28 ± 0.17	2.14 ± 0.10	1.82 ± 0.10
Sol. Solids (g100mL^{-1})	11.20 ± 0.06	9.90 ± 0.04	9.90 ± 0.06
Ins. Solids (g100mL^{-1})	2.85 ± 0.10	4.15 ± 0.15	4.15 ± 0.15
D_p (µm)	73.90 ± 1.09	60.60 ± 1.92	39.00 ± 1.61

Então, os sólidos solúveis diminuem, não sendo influenciados pela intensidade do tratamento. Além disso, a coesão das células e as ligações de hidrogênio são enfraquecidas [20], a separação das células é facilitada, resultando em tamanhos de partículas menores à medida que a intensidade da trituração aumenta. O menor diâmetro encontrado foi para a polpa tratada com enzima e pasteurizada submetida à homogeneização de 22.000 rpm por 5 min. Esses resultados estão de acordo com Servais et al. [21].

A Figura 2.6 mostra a influência da filtração na polpa pasteurizada. A retirada de partículas grandes (*Dp* > 40 mm) diminui a viscosidade em cerca de 40%.

A Tabela 2.3 mostra o efeito da homogeneização na viscosidade e no teor de sólidos solúveis na polpa bruta e pasteurizada, filtrada e homogeneizada. Testes anteriores mostraram elevada quantidade de sedimentos na amostra bruta, provavelmente devido à ação da pectinesterase sobre a pectina. Ele constrói compostos complexos e precipitados em meio ácido com cálcio. A filtração deixa de fora as partículas maiores, sedimentadas ou suspensas, resultando num menor teor de sólidos (Tab. 2.3) em comparação com a amostra não filtrada (Tab. 2.2). A viscosidade também diminui à medida que a trituração aumenta. Comparando guias. 2.1 e 2.2, pode-se observar que a viscosidade da polpa pasteurizada diminui de 2,28 ±0,17 para 1,75 ±0,07 mPa·s quando as amostras são filtradas (Fig. 2.6). Por outro lado, a filtração causa uma diminuição de 2,14 ±0,10 para 1,53 ±0,08 mPa·s para amostras homogeneizadas abaixo de 11.000 rpm por 2 min, e de 1,82 ±0,10 para 1,37 ±0,13 mPa·s para amostras abaixo de 22.000 rpm por 5 min. Corresponde a uma diminuição de viscosidade de 23,4, 28,5 e 24,7%, respectivamente.

A concentração da polpa da carambola em até 50% do seu volume inicial afetou a viscosidade. A Tabela 2.4 mostra as viscosidades e o teor de sólidos solúveis das amostras concentradas, brutas e pasteurizadas. Os resultados mostraram que a concentração até a metade do volume não dobrou o teor de sólidos solúveis e pode-se supor que parte dos sólidos passa para a fase insolúvel devido ao aumento da concentração. Deixam em solução cerca de 2,85 g, para a polpa bruta, e 3,5 g, para a polpa pasteurizada. Há um aumento significativo de sólidos insolúveis, de 5,15 para 16 g 100m L^{-1}para a polpa bruta, e de 2,85 para 12,7 g por 100mL para a polpa pasteurizada, o que parece influenciar no aumento da viscosidade.

Como o teor de sólidos solúveis aumenta com a concentração de polpa sendo menor que o teor de sólidos insolúveis, deve haver menor influência de ambos na viscosidade. Isto é reforçado pela comparação entre a polpa bruta não concentrada e a pasta pasteurizada. Neste caso, ao aumentar o teor de sólidos solúveis de 8,90 para 11,20 g por 100mL, a viscosidade aumenta apenas 0,44 mPa·s, de 1,84 mPa·s na polpa bruta, para 2,28 mPa·s na polpa pasteurizada. A etapa de concentração inclui um espessamento das partículas devido às forças de atração formando
aglomerados, nos quais a água está confinada [10]. Isto justifica a diminuição do teor de sólidos solúveis na solução. O comportamento newtoniano apresentado pela polpa da carambola neste trabalho é semelhante ao suco natural de laranja [22 - 24], ou suco de uva claro [25], e sucos clarificados de cereja [26].

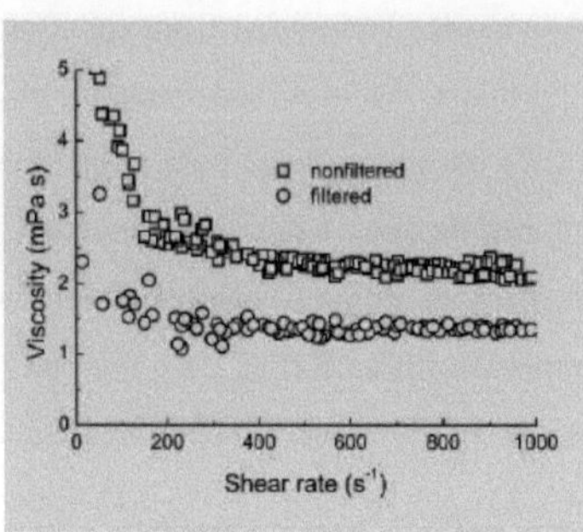

Figura 2.6. Comportamento reológico da polpa pasteurizada filtrada e não filtrada.

Tabela 2.3. Viscosidade (mPa· s) e teor de sólidos solúveis (g100 mL $^{-1}$) para filtrado, bruto e polpa pasteurizada.

	Crude		
	No homogenization	Homogenization 11000 rpm for 2 min	Homogenization 11000 rpm for 2 min
Viscosity (mPa s)	1.39 ± 0.07	1.27 ± 0.16	1.15 ± 0.07
Sol. Solids (g 100mL^{-1})	7.50 ± 0.04	7.40 ± 0.05	7.40 ± 0.05
	Pasteurized		
	No homogenization	Homogenization 11000 rpm for 2 min	Homogenization 11000 rpm for 2 min
Viscosity (mPas)	1.75 ± 0.07	1.53 ± 0.08	1.37 ± 0.13
Sol. Solids (g 100mL^{-1})	9.70 ± 0.04	9.60 ± 0.05	9.60 ± 0.06

Tabela 2.4. Viscosidade (mPa· s) e teor de sólidos solúveis (g 100mL $^{-1}$) para polpa concentrada, bruta e pasteurizada.

	Crude	Crude concentrated	Pasteurized	Pasteurized concentrated
Viscosity (mPas)	1.84 ± 1.21	5.39 ± 1.19	2.28 ± 0.17	7.98 ± 0.69
Sol. Solids (g 100mL^{-1})	8.90 ± 0.06	12.10 ± 0.20	11.20 ± 0.10	15.40 ± 0.10
Ins. Solids (g 100mL^{-1})	5.15 ± 0.06	16.00 ± 0.06	2.85 ± 0.05	12.70 ± 0.06

II.4. Conclusões

A polpa da carambola apresenta baixos valores de sólidos suspensos, sendo este o fator mais importante responsável pelo comportamento reológico. A suspensão após as etapas de processamento apresenta comportamento newtoniano, com valores de R^2 superiores a 0,98.

O tratamento enzimático reduziu a viscosidade em cerca de 34% em relação à polpa bruta e diminuiu a viscosidade da polpa. As enzimas e as etapas de pasteurização aumentaram o teor de sólidos suspensos e insolúveis, com conseqüente aumento da viscosidade. A homogeneização influencia a viscosidade da suspensão diminuindo o tamanho das partículas. Não altera os sólidos solúveis da amostra bruta, mas diminui sua viscosidade devido à diminuição do tamanho das partículas. A filtração resultou em suspensões com baixo teor de sólidos e menor viscosidade. Observou-se também que a concentração de polpa de carambola até 50% do volume inicial aumentou a viscosidade da polpa pasteurizada, mas o comportamento permaneceu newtoniano.

III. Comportamento reológico do extrato da casca do maracujá (Passiflora edulis)

III.1. Introdução

Maracujá é o nome popular de diversas espécies do gênero Passiflora, uma fruta muito comum nas regiões tropicais e subtropicais do globo [27]. A fruta é caracterizada por seu sabor intenso e alta acidez, por isso é utilizada como base para o preparo de bebidas industrializadas [28]. Os maiores produtores mundiais são Brasil, Equador e Colômbia com 60, 12 e 11%, respectivamente; no entanto, o Equador é o maior exportador [28,29].

O aumento da procura global por concentrado de sumo de maracujá deve-se principalmente à crescente popularidade de sumos de múltiplas frutas, bebidas com sabores exóticos e bebidas multivitamínicas, particularmente na Europa e nos Estados Unidos. Os processos na indústria alimentar resultam em muitos subprodutos, a maioria dos quais são orgânicos, e aumentam o nível de poluição ambiental.

O uso da polpa do maracujá deixa grandes quantidades de cascas porque o suco da fruta representa 30–40%, enquanto a casca representa 50–60% e as sementes 10–15% [30–32]. A casca do maracujá (mesocarpo e epicarpo) contém grande número de compostos bioativos e polissacarídeos, como pectina e fibra, podendo ser utilizada como ingrediente em alimentos funcionais ou para aumentar a viscosidade [31,33]. As propriedades físico-químicas da fibra conferem viscosidade e são comparáveis aos aditivos alimentares que atuam como agentes espessantes ou gelificantes e estabilizadores de emulsão [31,34,35].

O conhecimento das propriedades reológicas é essencial para o desenvolvimento de novos produtos, controle e otimização das variáveis de processo, projeto e avaliação de equipamentos como bombas, tubulações, trocadores de calor, misturadores, entre outros, controle de qualidade de alimentos e aceitabilidade pelo consumidor. de um produto [36,37].

Os parâmetros reológicos dos fluidos são calculados a partir de modelos matemáticos propostos para as diversas operações que formam um determinado processo e geralmente são determinados experimentalmente [36]. Os modelos mais comumente usados para caracterizar produtos alimentícios incluem Ostwald-DeWaele ou o modelo power-law (Equação (3.1)), Herschel-Bulkley (Equação (3.2)), Casson (Equação (3.3)) e Bingham (Equação (3.4)).

$$\sigma = k\dot{\gamma}^{n} (3.1)$$

$$\sigma = \sigma_0 + k (3.2)$$

$$\sigma^{0.5} = \sigma_{0^{0.5}} + k\dot{\gamma}^{0.5} (3.3)$$

$$\sigma = \sigma_0 + k\dot{\gamma} (3.4)$$

onde: σtensão de cisalhamento (Pa), $\dot{\gamma}$taxa de cisalhamento (s^{-1}), k: coeficiente de consistência (Pa s^{n}), n: índice de comportamento do fluxo (adimensional) e σ_0: tensão de escoamento (Pa)

O comportamento reológico dos fluidos alimentares é complexo e influenciado por vários fatores, como taxa de cisalhamento, temperatura, concentração de sólidos, teor de umidade, histórico térmico e tensão de cisalhamento [38]. Esta propriedade tem sido estudada em diversos produtos alimentícios. Por exemplo, dados reológicos sobre polpa de atum (Opuntia ficus Indica), casca de pitaya (Hylocereus undatus) e casca de atum (Opuntia spp.) foram adequadamente ajustados aos modelos Ostwald-De Waele e Herschel-Bulkley, classificando-os como fluidos pseudoplásticos. [39,40]. Além disso, uma diminuição na viscosidade com o aumento da temperatura foi relatada para polpa de borojó [37,41], suco de cenoura [42] e polpa de gabiroba [43]. A dependência da temperatura no coeficiente de consistência pode ser descrita pelo modelo de Arrhenius (Equação (3.5)).

$$k = k_0 \cdot e^{\frac{E_a}{\mathrm{RT}}} (3.5)$$

onde k_0 é a constante de proporcionalidade (Pa s^n), E_a é a energia de ativação (J mol^{-1}), R é a constante universal dos gases (J mol^{-1} K^{-1}) e T é a temperatura absoluta (K). Este trabalho teve como objetivo caracterizar, reologicamente, o extrato obtido do maracujá (Passiflora edulis), para encontrar alternativas de aplicação no setor alimentício.

III.2. Materiais e métodos

III.2.1. Matéria-prima

Foram utilizados maracujás (Passiflora edulis), estabelecendo-se sua maturação por identificação visual através da escala de maturação deste fruto. As amostras foram processadas no laboratório de Engenharia Aplicada da Universidade de Córdoba (Berasteguí, Colômbia).

III.2.2. Preparação de extrato de casca de maracujá

As cascas de maracujá foram lavadas com água clorada a 50 ppm e depois escaldadas a 95 °C por 5 min para amolecer o epicarpo e o pericarpo; as cascas foram trituradas para reduzir o tamanho, em seguida foi adicionada água de acordo com o percentual de casca estabelecido (40, 45, 50 e 55% m/m), submetidas ao processo de homogeneização e filtragem.

III.2.3. O comportamento ao escoamento do extrato de casca de maracujá

As medidas reológicas foram feitas utilizando um reômetro AR-2000 (TA Instruments, Chichester, UK), com placa e geometria de placa (40 mm de diâmetro). Extratos de casca de maracujá foram submetidos a uma taxa de cisalhamento de 1 a 100 $s^{-1,}$ seguida por cisalhamento constante a 100 s^{-1}por 30 s e finalmente uma diminuição na taxa de cisalhamento de 100 para 1 s^{-1}em 2 min [37]. Medições reológicas foram realizadas em diferentes temperaturas (5, 10, 25 e 40 °C).

Os dados reológicos foram ajustados aos modelos de Ostwald – De Waele (lei de potência), Herschel – Bulkley, Casson e Bingham. O melhor modelo foi selecionado considerando o coeficiente de determinação (R^2) e a raiz quadrada média do erro (RMSE).

III.2.4. Teste de varredura de temperatura para extrato de casca de maracujá

O método dinâmico foi utilizado para estudar as propriedades viscoelásticas do extrato de casca de maracujá; os testes foram realizados dentro da faixa de viscoelasticidade linear com um reômetro AR-2000 (TA Instruments, Chichester, UK), com placa e geometria de placa (40 mm de diâmetro). Durante o teste de varredura de temperatura, os extratos de casca de maracujá foram aquecidos (5 a 80 °C) e posteriormente resfriados (80 a 5 °C) a uma taxa de 2 °C/min, frequência de 1 Hz e tensão de 1 Pa. Foram determinados parâmetros reológicos dinâmicos: módulo de armazenamento (G') representando propriedades elásticas, e módulo de perda (G") representando características viscosas.

III.2.5. Design experimental

Foi utilizado delineamento inteiramente casualizado com arranjo fatorial 4 x 4, sendo os fatores teor de casca no extrato (40, 45, 50 e 55% p/p) e temperatura (5, 10, 25 e 40 °C) . Todas as medições reológicas foram feitas em triplicado. Os resultados correspondentes ao comportamento de fluxo e propriedades viscoelásticas foram analisados através de análise de variância (ANOVA) e teste de Tukey ($p < 0,05$) utilizando o software JMP 9.1.

III.3. Resultados e discussão

III.3.1. O comportamento ao escoamento do extrato de casca de maracujá

A Figura 3.1 apresenta os reogramas dos extratos de casca de maracujá em diferentes temperaturas, onde as curvas de subida e descida coincidem, mostrando que todas as amostras se comportam independentemente do tempo. Esse comportamento pode ser porque não houve ruptura do fluido no experimento. Portanto, não há variação significativa na viscosidade com o tempo de aplicação, o que coincide com o relatado em polpa de sapoti estudada em intervalo de 10 a 70 °C [44], e em suco de cenoura pasteurizado avaliado em faixa de temperaturas de 8 a 85 °C [42].

Os extratos de casca de maracujá apresentaram comportamento não newtoniano característico de afinamento por cisalhamento, no qual a viscosidade diminui com o aumento das taxas de cisalhamento (Figura 3.1). Este comportamento resultou das forças hidrodinâmicas que geraram uma ruptura nas unidades estruturais do extrato durante o cisalhamento. O mesmo comportamento foi relatado para pectina de casca de manga [45], casca de toranja [46], casca de maracujá [47] e polpa de gabiroba [43,48]. Contudo, para algumas concentrações (50 e 55% m/m) as linhas de tendência não partem da origem. Esse comportamento
foi relatado para polpa de graviola (Annona muricata L.) com concentração de 28°Brix
e faixa de temperatura de 30 a 60 °C [49], e purê de abóbora [50].

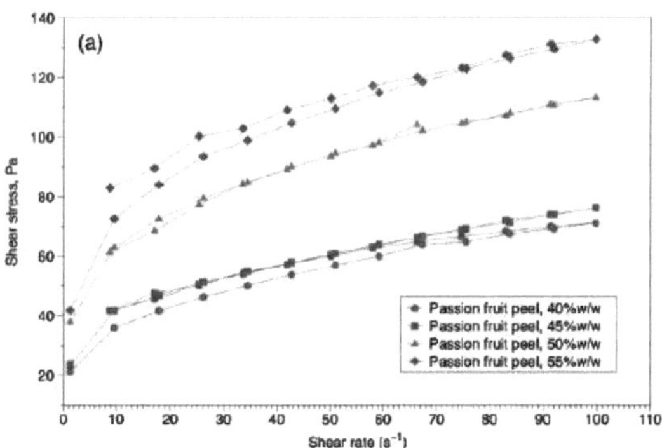

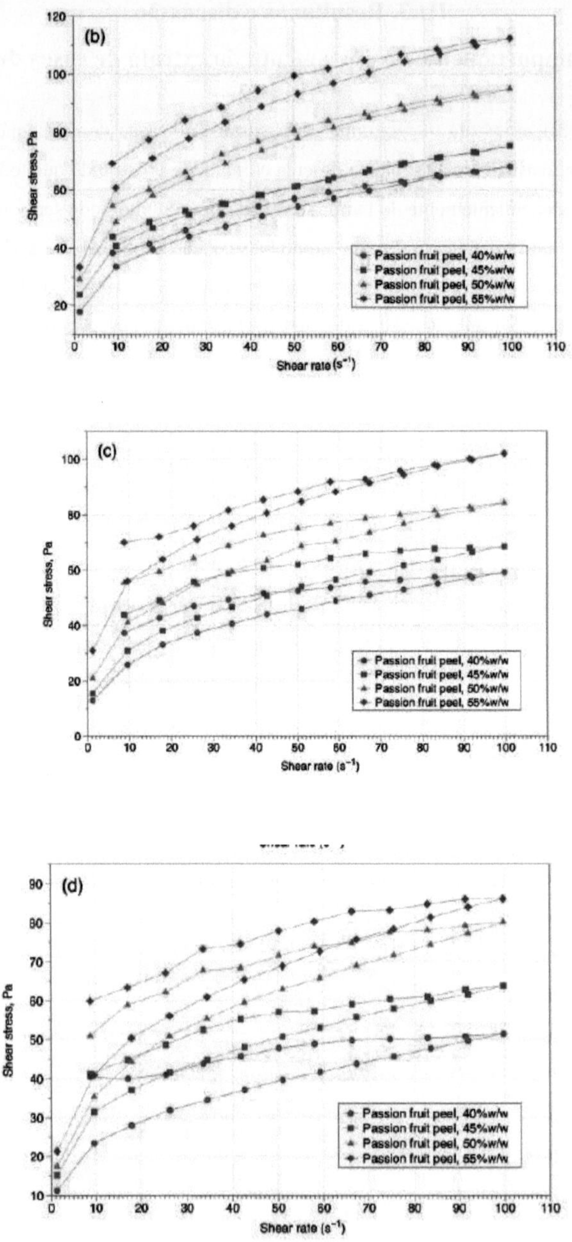

Figura 3.1. Reogramas dos extratos da casca do maracujá em diferentes temperaturas. (**a**) 5°C, (**b**) 10°C, (**c**) 25°C e (**d**) 40°C.

Os modelos reológicos que melhor representaram o comportamento reológico dos extratos de casca de maracujá foram o power-law, Herschel-Bulkley e Casson, apresentando valores do coeficiente de determinação (R^2) na faixa de 0,990 e 0,999 (Tabela 3.1). Porém, o modelo power-law foi selecionado porque os demais modelos, apesar de apresentarem valores elevados de R^2, apresentaram alguns valores negativos para a tensão de escoamento, *s* 0, o que fisicamente não é possível, pois esta tensão é a mínima que deve ser aplicada ao fluido para superar a resistência que o material ao fluxo se opõe. Deve-se notar que o modelo power-law é o mais utilizado para representar dados reológicos de produtos alimentícios. Este modelo foi aplicado na caracterização reológica de diversos purês de frutas e vegetais [36], polpa de goiaba [41], polpa de sapote [52], polpa de manga [53] , casca de pitaya [40] e pectina de casca de maracujá [54].].

Tabela 1. Parâmetros reológicos do modelo Oswald-DeWaele (k e n) de extratos de casca de maracujá.

Descasque o conteúdo no Extrair, %p/p	T, ° C	k, pais^n	n	Tixotropia, %	R^2
40	5	23,90±2,45	0,261±0,006	2,45±0,05	0,995
	10	24,35±2,62	0,252±0,007	1,03±0,01	0,996
	25	19,14±0,61	0,237±0,009	1,74±0,02	0,996
	40	17,10±2,39	0,230±0,011	0,20±0,01	0,997
45	5	24,10±2,07	0,250±0,031	2,36±0,01	0,996
	10	25,72±2,85	0,277±0,008	1,65±0,02	0,996
	25	20,94±2,86	0,222±0,015	0,84±0,01	0,996
	40	17,51±1,90	0,261±0,003	1,51±0,01	0,996
50	5	29,85±2,49	0,245±0,011	0,04±0,01	0,996
	10	29,47 ±1,49	0,236±0,016	1,22±0,01	0,996
	25	23,36±1,17	0,287±0,004	0,04 ±0,01	0,995
	40	22,97±2,93	0,235±0,007	1,72±0,02	0,996
55	5	39,10±3,16	0,228±0,016	2,55±0,03	0,996
	10	38,47±1,53	0,023±0,017	0,65±0,02	0,996
	25	35,60 ±3,23	0,263±0,017	1,05±0,01	0,998
	40	31,33±2,12	0,240±0,006	0,51±0,01	0,995

O índice de comportamento de fluxo (n) de todas as amostras avaliadas nas diferentes temperaturas foi menor que um (0,222 a 0,287), o que corrobora que o extrato de casca de maracujá apresenta comportamento pseudoplástico. Tal comportamento pode ser explicado por uma alteração estrutural na pasta quando a taxa de cisalhamento aumenta, nomeadamente o alinhamento dos biopolímeros com o aumento da taxa de cisalhamento. Valores semelhantes no índice de vazão foram relatados para soluções de casca de pitaya (n = 0,20)

[40], soluções de fibra cítrica (0,35–0,43) [55] e pectina de casca de maracujá [56]. O coeficiente de consistência (k) apresentou valores na faixa de 17,51 a 39,1 Pa sn; estes valores mostram a alta viscosidade do extrato se for comparado com o relatado para um solução a 1% m/m de pectina extraída da casca do maracujá (0,21–2,15 Pa sn) [54] e soluções de fibra obtidas de subprodutos da laranja (1,52–4,77 Pa s ^{n}) [55]. No entanto, foram inferiores aos relatados para soluções de casca de pitaya (161,31 Pa s ^{n}) [40].

A análise de variância (ANOVA) mostra que nenhum dos fatores avaliados (contagem de cascas no extrato e temperatura) afetou significativamente o índice de comportamento do fluxo (n). Esses resultados são semelhantes aos reportados para polpa de borojó com temperatura na faixa de 0 a 60 °C, onde esse parâmetro permaneceu praticamente constante [41]. Porém, o coeficiente de consistência (k) foi afetado pelo teor de casca no extrato (p = 0,0001) e pela temperatura (p = 0,0002). O coeficiente de consistência aumenta à medida que aumenta o teor de casca no extrato. O aumento de k com o teor de casca no extrato é devido ao aumento do teor de sólidos. Resultados semelhantes foram relatados para soluções aquosas de goma arábica [56] e geléias com adição de pectina de casca de banana [57]. Este comportamento pode ser devido à teoria do aglomerado, onde a fase sólida forma agregados ou redes que prendem a fase dispersante [58]. O coeficiente de consistência diminui com o aumento da temperatura para cada porcentagem de casca no extrato, como segue: 28,45% (40% p/p), 27,34% (45% p/p), 23,04% (50% p/p), e 19,87% (55% p/p). Comportamento semelhante foi relatado para polpa de manga [53] e purê de abóbora [50]. Essa diminuição pode ser explicada pela quebra estrutural do extrato devido às forças hidrodinâmicas geradas e ao aumento do alinhamento de suas moléculas constituintes, como açúcares e pectinas [49]. A dependência do coeficiente de consistência com a temperatura foi avaliada utilizando o modelo de Arrhenius. Os valores da constante de proporcionalidade (k_0) e da energia de ativação (E_a) são apresentados na Tabela 3.2. Os resultados mostraram que os valores de E_a diminuem com o aumento do teor de casca no extrato. Isso indica que altos teores de casca de maracujá no extrato apresentam maior efeito estabilizador, o que já foi relatado por diversos autores [59,60].

Tabela 3.2. Modelo de Arrhenius para coeficiente de consistência de extratos de casca de maracujá.

Descasque o conteúdo do extrato, %p/p	k_0, Pas^n	Ea, J $mol^{-1}K^{-1}$	R^2
5	0,87 ±0,15	7714,8±0,8	0,944

10	1,03±2,62	7423,1 ±0,7	0,878
25	2,08±0,61	6163,7±0,9	0,901
40	5,55±2,39	4545,0±0,01	0,966

III.3.2. Viscoelasticidade de extratos de casca de maracujá

A Figura 3.2 apresenta o comportamento viscoelástico dos extratos de casca de maracujá. Para todos os extratos na faixa de temperatura avaliada (5–80 °C), o módulo de armazenamento (G') foi superior ao módulo de perda (G"), ou seja, nos extratos de casca de maracujá o caráter elástico predomina sobre o viscoso, que denota a termoestabilidade do fluido. Este é um comportamento reológico tipo gel, onde o caráter sólido é atribuído à formação de redes poliméricas e o caráter líquido ou viscoso é devido à presença do solvente fluindo limitadamente dentro da rede. Essa tendência foi observada na pectina com alto teor de metoxil obtida da polpa de tamarillo com adição de 2 e 3% de sacarose [61] e polpa de gabioba [48].

Por outro lado, as magnitudes do módulo de armazenamento (G') apresentam um aumento com o aumento da percentagem de casca no extrato, o que indica uma tendência a um comportamento mais predominante do fluido semissólido. Este maior valor no módulo de armazenamento pode ser atribuído ao alto teor de pectina presente na casca do maracujá [32], o que implica na formação de um gel mais forte, bem como na formação de uma estrutura mais complexa de moléculas de cadeia longa e partículas fortemente solúveis formando uma rede mais compacta [62, 63].

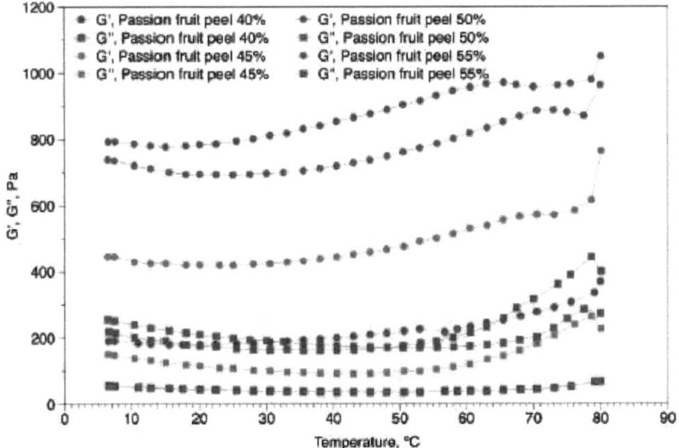

Figura 3.2. Dependências do módulo de armazenamento (G') e módulo de perda (G") da temperatura para o extrato da casca de maracujá.

III.4. Conclusões

O comportamento do extrato de casca de maracujá na faixa de temperatura de 5 a 40 °C e concentrações de 40 a 55% m/m é representado pela lei de potência, apresentando comportamento pseudoplástico devido à diminuição da viscosidade aparente conforme o gradiente de cisalhamento aumenta, assumindo valores para o índice de comportamento do fluxo de 0,222 a 0,287.

A temperatura não exerce influência estatisticamente significativa no índice de comportamento do fluxo, mas exerce influência no coeficiente de consistência. Por outro lado, o teor de casca no extrato não influencia o índice de comportamento de fluxo, enquanto o coeficiente de consistência aumenta com o aumento da quantidade de casca de maracujá no extrato.

O comportamento viscoelástico dos extratos de casca de maracujá mostrou que o módulo de armazenamento (G') foi superior ao módulo de perda (G") em todos os extratos e faixas de temperatura estudados, ou seja, as amostras possuem um caráter elástico que predominou sobre seu caráter viscoso. caráter, uma característica natural de um gel. A estabilidade térmica do extrato de casca de maracujá indica que ele pode ser utilizado para diversas aplicações que envolvam aquecimento, como para geléias e recheios de frutas em produtos de panificação.

4. Comportamento reológico do suco de tomate: cisalhamento em estado estacionário e modelagem dependente do tempo

IV.1. Introdução

O tomate é um dos vegetais mais populares e amplamente cultivados no mundo [64]. Na verdade, o tomate é um dos vegetais mais importantes para a indústria alimentar. O consumo de seus produtos é grande e amplamente incluído na dieta humana. A caracterização reológica de produtos de tomate é importante não apenas para o projeto de operações unitárias, mas também para otimização de processos e garantia de produtos de alta qualidade.

Na verdade, muitos estudos foram publicados sobre a caracterização reológica de produtos de tomate. No entanto, os dados apresentados na literatura são muito variáveis [65] e concentrados apenas em medições de tensão de cisalhamento em estado estacionário. Muitos estudos consideraram apenas a medição de uma condição (apenas avaliação de viscosidade aparente) ou métodos empíricos de avaliação (como o consistômetro de Bostwick).

A dependência do tempo está relacionada com a mudança estrutural devido ao cisalhamento [66], ou seja, a destruição da estrutura interna durante o escoamento [67]. Consequentemente, a caracterização reológica dependente do tempo é extremamente importante para a compreensão das alterações dos produtos que ocorrem durante o processo. No entanto, essas caracterizações são raras na literatura para produtos de tomate [65, 68]. Mizrahi [69] modelou a redução aparente da viscosidade com o tempo, submetendo o produto a uma taxa de cisalhamento constante. O aparente decaimento da viscosidade foi bem modelado por uma cinética de primeira ordem (isto é $d\eta_a = -k \cdot t$). No entanto, outros estudos realizaram avaliações pouco objetivas.

Bayod et al. [65], Tiziani e Vodovotz [70] e Vercet et al. [71] observaram uma redução na viscosidade aparente de produtos de tomate ao longo do tempo, obtida em um experimento de tensão de cisalhamento ou taxa de cisalhamento constante. Tiziani e Vodovotz [70, 72] e Vercet et al. [71] observaram apenas qualitativamente a área de histerese no ciclo de aumento e diminuição da taxa de cisalhamento.

Assim, faltam informações sobre as propriedades reológicas dependentes do tempo do suco de tomate, bem como sua modelagem em função da taxa de cisalhamento. Além disso, embora o Herschel-Bulkley tenha sido amplamente utilizado para modelar propriedades de cisalhamento em estado estacionário de produtos de tomate, um modelo reológico recentemente proposto [73] ainda não foi avaliado para produtos de tomate.

Este trabalho avaliou as propriedades reológicas dependentes do tempo do suco de tomate, comparando três modelos para descrever a deterioração da tensão de cisalhamento durante o cisalhamento (Figoni-Shoemaker, Weltman e Hahn-Ree-Eyring). Além disso, o comportamento de cisalhamento em estado estacionário do suco de tomate foi avaliado comparando dois modelos (Herschel-Bulkley e Falguera-Ibarz).

IV.2. Materiais e métodos

Foi utilizado suco de tomate comercial produzido na Espanha para garantir a padronização e repetibilidade. O produto é adicionado de sal e embalado assepticamente após processo térmico. Seu teor de sólidos solúveis foi determinado utilizando um refratômetro, enquanto seu teor de sólidos totais foi medido através da secagem das amostras em estufa a vácuo a 70 °C (cinco repetições).

A avaliação reológica foi realizada com amostras novas, sem histórico mecânico. Assim, as amostras foram colocadas no reômetro e mantidas em repouso por 10 min antes de iniciar o cisalhamento. As medidas reológicas foram realizadas em um reômetro Haake RS 80 com tensão controlada (σ), utilizando geometria Couette (cilindro concêntrico; Haake Z40-DIN). A proporção do raio do copo e do bob foi de 1:0847 (raio do bob = 20:000±0:004mm). A temperatura foi mantida constante utilizando banho-maria (Phoenix ThermoHaake C25P) com desvio inferior a ±0,3 °C.

Os experimentos foram realizados em três repetições e as regressões foram feitas para cada repetição. Os parâmetros de cada modelo foram obtidos por regressão não linear utilizando o software Stat-Graphics Plus v. 5.1 (Statistical Graphics Corp) e utilizando um nível de probabilidade significativo de 95%.

A qualidade dos modelos foi avaliada plotando-se os valores de tensão de cisalhamento obtidos pelos modelos (σmodelo) em função dos valores experimentais (σexperimental). A regressão desses dados para uma função linear Eq. 4.1 resulta em três parâmetros que podem ser utilizados para avaliar a descrição dos valores experimentais pelos modelos, ou seja, a inclinação linear (a que deve estar o mais próximo possível da unidade), o intercepto (b que deve estar o mais próximo possível a zero) e o coeficiente de determinação (R^2 que deve ser o mais próximo possível da unidade).

$$\sigma_{\text{model}} = a \cdot \sigma_{\text{experimental}} + b(4.1)$$

Modelagem de cisalhamento dependente do tempo

Após o repouso, as amostras foram cisalhadas a uma taxa de cisalhamento constante (γ em 50, 100, 250, 400 e 500 s^{-1}) por 1.000 s, enquanto a tensão de cisalhamento era medida. A temperatura foi mantida constante em 25°C. O decaimento da tensão de cisalhamento foi avaliado por três modelos, amplamente utilizados para descrever a tixotropia em alimentos [74]. Os modelos avaliados foram Figoni e Shoemaker [75](Eq. 4.2), Weltman ([76]; Eq. 4.3) e Hahn, Ree e Eyring ([77] Eq. 4.4). Os parâmetros cinéticos foram obtidos por regressão não linear utilizando o software Stat-Graphics Plus v. 5.1 (Statistical Graphics Corp) utilizando um nível de probabilidade significativo de 95%, e posteriormente avaliados em função da taxa de cisalhamento.

$$\sigma = \sigma_e + (\sigma_0 - \sigma_e) \cdot \exp(-k \cdot t)(4.2)$$

$$\sigma = A - B \cdot \ln t(4.3)$$

$$\ln(\sigma - \sigma_e) = A - B \cdot \ln t(4.4)$$

Modelagem de cisalhamento em estado estacionário

Uma vez determinado o comportamento dependente do tempo do produto, ou seja, suas características de escoamento, avaliou-se o comportamento de cisalhamento em estado estacionário na faixa de temperatura de 0 °C a 80 °C. As amostras foram cisalhadas a 250ºC s^{-1}por 250 s, condição pré-determinada para a eliminação da tixotropia do produto. Os dados de tensão de cisalhamento foram avaliados na faixa de taxa de cisalhamento de 0,01 s-1 a 500 s-1 e, assim, modelados usando o modelo Herschel-Bulkley Eq . 3.5. O modelo Herschel-Bulkley compreende os modelos Newton, Bingham e Ostwald-de-Waele (lei de potência) e está sendo amplamente utilizado para descrever as propriedades reológicas de produtos alimentícios.

$$\sigma = \sigma_0 + k \cdot \dot{\gamma}^n(4.5)$$

O comportamento do fluxo do suco de tomate também foi avaliado utilizando outro modelo reológico, recentemente proposto por Falguera e Ibarz [78]. No modelo Falguera-Ibarz, a variação da viscosidade aparente (η_a= σ/ γ) com a taxa de cisalhamento é descrita por um decaimento de potência de um valor inicial (η $_0$) para um valor de equilíbrio η_αEq. 4.6.

$$\eta_a = \eta_\infty + (\eta_0 - \eta_\infty) \cdot \dot{\gamma}^{(-k)}(4.6)$$

IV.3. Resultados e discussão

O teor de sólidos solúveis do suco de tomate foi de 5,4±0,2ºBrix, com 5,96±0,02% (m/m) de sólidos totais (média de cinco repetições±desvio padrão). Modelagem de Cisalhamento Dependente do Tempo A Figura 4.1 mostra o decaimento da tensão de cisalhamento de amostras quando cisalhadas durante 1.000 s. Pode-se observar que o suco de tomate apresenta comportamento tixotrópico na faixa de taxa de cisalhamento de 50 s^{-1} a 500 s^{-1}. No produto original, a estrutura interna formada pela polpa insolúvel dispersa no soro apresenta maior resistência à deformação, resultando em maior tensão de cisalhamento. Quando é realizado o cisalhamento, essa estrutura é quebrada, como se pode perceber pela queda de tensões. Para as cinco taxas de cisalhamento avaliadas, são necessários 250–500 s para a estabilização da tensão.

A Tabela 4.1 apresenta os valores médios dos parâmetros dos modelos de Figoni e Shoemaker, Weltman e Hahn, Ree e Eyring, respectivamente. O valor de R^2 foi sempre superior a 90% em cada repetição. No modelo de Figoni e Shoemaker, o parâmetro σe é a tensão de cisalhamento de equilíbrio, ou seja, seu valor após tempo de cisalhamento suficiente para completar a ruptura da estrutura interna do produto. O parâmetro σ_0 é a tensão de cisalhamento inicial, ou seja, no início do cisalhamento, enquanto k está relacionado com o decaimento da tensão ao longo do tempo. Como esperado, devido à natureza pseudoplástica do suco de tomate, os parâmetros do modelo de Figoni e Shoemaker mostraram uma tendência a aumentar com a taxa de cisalhamento (Fig. 4.2).

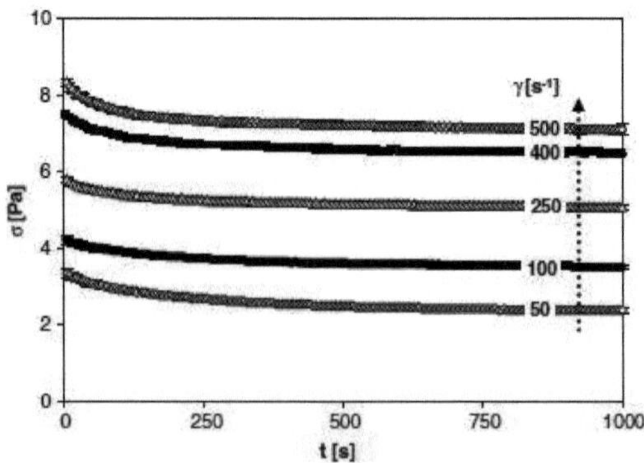

Figura 4.1 Decaimento do estresse no suco de tomate durante o corte em 50, 100, 250, 400 e 500 s^{-1} por 1.000 s. Média de três repetições a 25 °C; barras verticais representam o desvio padrão em cada valor

Tabela 4. 1 Valores dos parâmetros dos modelos Figoni e Shoemaker, Weltman e Hahn, Ree e Eyring (média de três repetições±desvio padrão)

Model	$\sigma = \sigma_e + (\sigma_0 - \sigma_e) \cdot \exp(-k \cdot t)$			$\sigma = A - B \cdot \ln t$		$\ln(\sigma - \sigma_e) = A - B \cdot t$		
γ [s^{-1}]	Figoni and Shoemaker			Weltman		Hahn, Ree, and Eyring		
	σ_e [Pa]	σ_0 [Pa]	k [s^{-1}]	A [Pa]	B [$Pa \cdot s^{-1}$]	σ_e [Pa]	A [Pa]	B [$Pa \cdot s^{-1}$]
50	2.39±0.10	3.26±0.10	0.0043±0.0002	3.93±0.12	0.228±0.012	2.39±0.05	−0.139±0.052	0.0044±0.0002
100	3.52±0.10	4.15±0.10	0.0046±0.0002	4.62±0.18	0.163±0.027	3.52±0.16	−0.466±0.162	0.0047±0.0002
250	5.12±0.08	5.70±0.09	0.0052±0.0002	6.10±0.09	0.148±0.008	5.12±0.04	−0.560±0.035	0.0052±0.0001
400	6.55±0.03	7.36±0.02	0.0059±0.0002	7.87±0.01	0.200±0.004	6.55±0.03	−0.203±0.029	0.0060±0.0002
500	7.17±0.10	8.17±0.10	0.0077±0.00015	8.64±0.10	0.227±0.001	7.16±0.01	−0.003±0.005	0.0074±0.0001

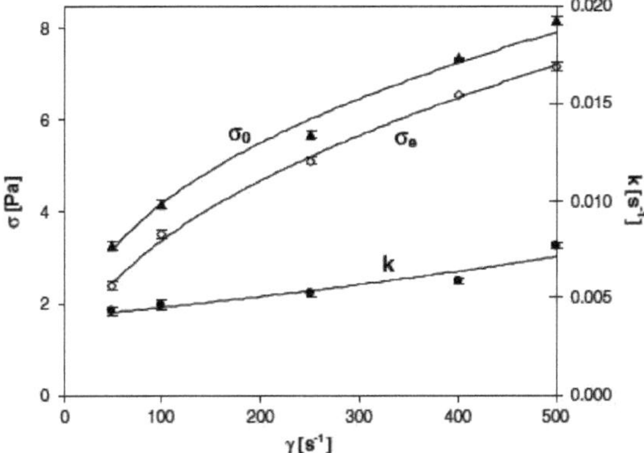

Fig. 4.2 Parâmetros do modelo de Figoni e Shoemaker em função da taxa de cisalhamento. As barras verticais são o desvio padrão em cada marca e as linhas contínuas são as regressões empíricas da Tabela 4.3

No modelo de Weltman, o parâmetro A está relacionado com a tensão de cisalhamento inicial, enquanto B está relacionado com o seu decaimento de tensão. O parâmetro A mostrou tendência a aumentar com a taxa de cisalhamento conforme esperado devido ao comportamento pseudoplástico do suco, enquanto B mostrou tendência a variar próximo a um valor médio (Fig. 4.3).

No modelo de Hahn, Ree e Eyring, o parâmetro σe é o mesmo do modelo de Figoni e Shoemaker, e B é igual a k. A tensão de cisalhamento inicial é dada pelo parâmetro A. Enquanto os parâmetros σe e B mostraram uma tendência de aumento devido à taxa de cisalhamento, A variou próximo a um valor médio (Figs. 4.4 e 4.5).

Os valores obtidos estão de acordo com os descritos na literatura para produtos frutícolas, em especial os parâmetros relacionados com o decaimento da tensão com cisalhamento (k no modelo Figoni e Shoemaker; B nos modelos Weltman e Hahn, Ree e Eyring).

O valor k do modelo Figoni e Shoemaker em suco de gilaboru a 43ºBrix varia de 0,0027 a 0,0031 s^{-1}na faixa de taxa de cisalhamento de 50 a 150 s^{-1}(Altan et al. 2005). Nas mesmas condições, o valor de B (modelo Weltman) varia de 0,89 a 1,17 Pas^{-1}. Abu-Jdayil et al. (2004) utilizou o modelo Weltman para modelar o comportamento reológico dependente do tempo da pasta de tomate (5,7% de sólidos). O valor B varia de 10 a 14 a 0,0187 Pas^{-1}na faixa de taxa de cisalhamento de 2,2 a 79 s^{-1}. Basu et al. (2007) modelaram o decaimento da tensão de cisalhamento de geléias de abacaxi usando o modelo de Hahn, Ree e Eyring. O valor de B varia de 0,0024 a 0,0094Pas^{-1}
na faixa de taxa de cisalhamento de 10–100 s^{-1}. Resultados semelhantes foram observados por Ravi e Bhattacharya (2006) para dispersões de farinha de grão de bico. O valor B do modelo de Hahn, Ree e Eyring varia de 0,0044 a 0,0059 Pas $^{-1}$ na faixa de taxa de cisalhamento de 5–200 s^{-1}.

Os dados experimentais foram bem descritos pelos três modelos avaliados, como pode ser verificado pela regressão à Eq. 4.1. Os valores de a e R^2 foram sempre superiores a 0,99, enquanto os valores de b foram sempre inferiores a 0,03 (Tabela 4.2). Esses modelos foram utilizados com sucesso na caracterização de suco concentrado de tangerina [78], suco de gilaboru [79], suco de Malus floribunda [67], pasta de tomate [80], geléia de abacaxi [81], dispersões de farinha de grão de bico [82], purê de marmelo [66] , polpas de pêssego e ameixa [63] e ketchup, mostarda e comida para bebês [83].

Esses parâmetros foram então modelados empiricamente em função da taxa de cisalhamento, com exceção dos parâmetros A no modelo de Weltman e B no modelo de Hahn, Ree e Eyring, cujos valores foram assumidos como a média dos valores obtidos. A modelagem foi obtida com valores elevados de R^2, conforme demonstrado na Tabela 4.3 .

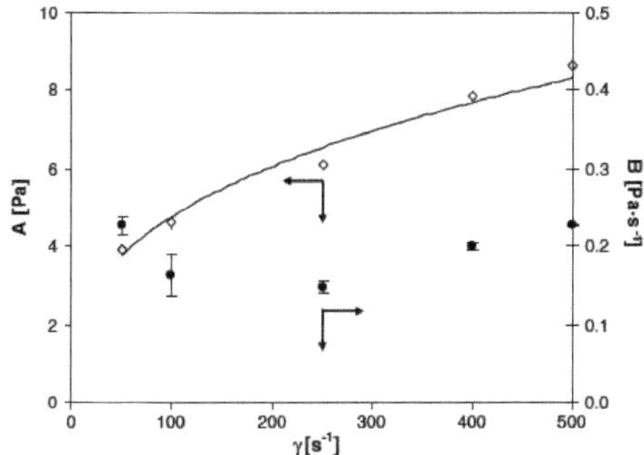

Fig. 4.3 Parâmetros do modelo de Weltman em função da taxa de cisalhamento. As barras verticais são o desvio padrão em cada marca, e as linhas contínuas são as regressões empíricas da Tabela 4.3

Tabela 4.2 Valores dos parâmetros a, b e R^2da regressão dos valores experimentais versus os obtidos pelos modelos avaliados:$\sigma_{\text{model}} = a \cdot \sigma_{\text{experimental}} + b$

	a	b	R^2
Original Models (Eqs. 2, 3, and 4)			
Figoni and Shoemaker	0.996	0.026	0.998
Weltman	0.997	0.019	0.998
Hahn, Ree, and Eyring	0.995	0.027	0.998
Modified Models—$f(\gamma)$ [Table 3]			
Figoni and Shoemaker	0.997	0.030	0.995
Weltman	0.964	0.182	0.995
Hahn, Ree, and Eyring	1.000	0.023	0.996

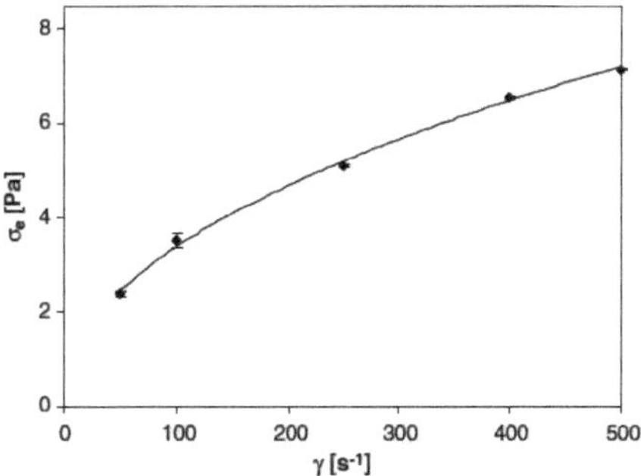

Fig. 4.4 Parâmetro σe do modelo de Hahn, Ree e Eyring em função da taxa de cisalhamento. As barras verticais são o desvio padrão em cada marca, e a linha contínua são as regressões empíricas da Tabela 4.3.

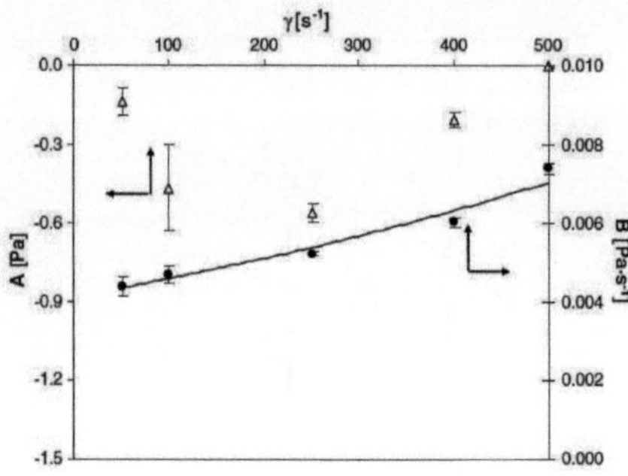

Figura 5 Parâmetros A e B do modelo de Hahn, Ree e Eyring em função da taxa de cisalhamento. As barras verticais são o desvio padrão em cada marca e as linhas contínuas são as regressões empíricas da Tabela 4.3

Tabela 4.3 Parâmetros dos modelos Figoni e Shoemaker, Weltman e Hahn, Ree e Eyring em função da taxa de cisalhamento (suco de tomate a 25 °C, 50 s^{-1}<γ< 500 s^{-1})

Model	Parameter	$f(\gamma)$	R^2
Figoni and Shoemaker $\sigma = \sigma_e + (\sigma_0 - \sigma_e) \cdot \exp(-k \cdot t)$	σ_e [Pa]	$0.389 \cdot \gamma^{0.470}$	0.997
	σ_0 [Pa]	$0.678 \cdot \gamma^{0.396}$	0.992
	k [s^{-1}]	$0.004 \cdot e^{0.0011\gamma}$	0.935
Weltman $\sigma = A - B \cdot \ln(t)$	A [Pa]	$0.981 \cdot \gamma^{0.344}$	0.978
	B [$Pa{\cdot}s^{-1}$]	0.193	Mean value
Hahn, Ree and Eyring $\ln(\sigma - \sigma_e) = A - B \cdot t$	σ_e [Pa]	$0.390 \cdot \gamma^{0.470}$	0.997
	A [Pa]	−0.274	Mean value
	B [$Pa{\cdot}s^{-1}$]	$0.004 \cdot e^{0.0011\gamma}$	0.964

É importante observar que, como esperado, as expressões para os parâmetros σe e k no modelo de Figoni e Shoemaker foram iguais aos parâmetros σ_e e B no modelo de Hahn, Ree e Eyring. Espera-se que ambos os modelos sejam essencialmente semelhantes, com a mesma expressão matemática (se a função exponencial for aplicada em ambos os lados do modelo de Hahn, Ree e Eyring).

As expressões obtidas foram então avaliadas, conforme descrito anteriormente, usando a Eq. 4.1 . Os parâmetros da regressão para os modelos modificados cujos parâmetros são função da taxa de cisalhamento são apresentados na Tabela 4.2. Como se pode observar, os modelos modificados de Figoni e Shoemaker, Weltman e Hahn, Ree e Eyring, ou seja, os modelos com parâmetros em função da taxa de cisalhamento, descreveram bem os dados experimentais.

Embora os três modelos possam ser bem utilizados para descrever o comportamento dependente do tempo da reologia do suco de tomate o modelo modificado de Hahn Ree e Eyring mostrou uma descrição ligeiramente melhor dos dados experimentais seguido pelo modelo modificado de Weltman e Figoni e

Modelo sapateiro. Modelagem de cisalhamento em estado estacionário A Figura 4.6 mostra as curvas de fluxo (tensão de cisalhamento em função da taxa de cisalhamento) do suco de tomate na faixa de temperatura avaliada, bem como a viscosidade aparente associada a cada taxa de cisalhamento.

Os valores dos parâmetros do modelo Herschel-Bulkley são apresentados na Tabela 4.4. Como alternativa ao modelo Herschel-Bulkley, a viscosidade aparente do suco de tomate foi avaliada pelo modelo Falguera-Ibarz, cujos parâmetros são apresentados na Tabela 4.5. O valor de R^2 foi sempre superior a 99% em cada repetição.

É possível observar que o suco de tomate apresentou uma tensão de escoamento pequena, mas representativa (σ_0, modelo Herschel-Bulkley). A tensão de escoamento é a tensão de cisalhamento mínima necessária para iniciar o escoamento do produto, estando relacionada à estrutura interna do material que deve ser rompido [84, 85]. Sob tensões abaixo da tensão de escoamento, o material deforma-se elasticamente, comportando-se como um sólido elástico; acima da tensão de escoamento, ele começa a fluir, comportando-se como um líquido viscoso [65]. A presença de tensão de escoamento é uma característica típica de materiais multifásicos [86], como o suco de tomate, formado por uma dispersão de material insolúvel (paredes celulares e seus materiais) em uma solução aquosa (soro, contendo açúcares, minerais, proteínas, e polissacarídeos solúveis). Além disso, como esperado, o suco de tomate apresentou comportamento de desbaste, com índice de comportamento de fluxo (n) sempre inferior a 1.

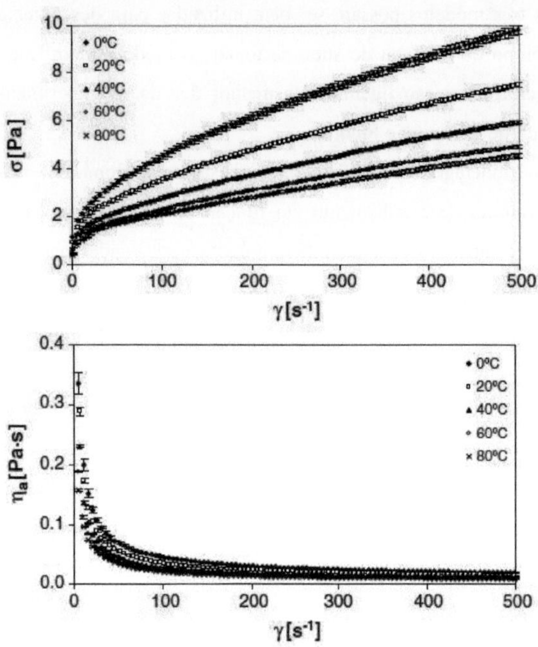

Figura 4.6 Curvas de fluxo ($\sigma \times \gamma$) e viscosidade aparente ($\eta a \times \gamma$) do suco de tomate a 0 °C, 20 °C, 40 °C, 60 °C e 80 °C. Média de três repetições; barras verticais representam o desvio padrão em cada valor

Tabela 4.4 Valores dos parâmetros do modelo Herschel-Bulkley (média de três repetições±desvio padrão)

Herschel–Bulkley: $\sigma = \sigma_0 + k \cdot \gamma^{(n)}$			
T [°C]	σ_0 [Pa]	k [Pa·s^n]	n
0	0.93±0.03	0.27±0.00	0.56±0.00
20	0.94±0.05	0.19±0.01	0.56±0.02
40	0.73±0.02	0.16±0.00	0.56±0.00
60	0.56±0.02	0.14±0.00	0.56±0.00
80	0.48±0.04	0.13±0.01	0.58±0.07

Tabela 4.5 Valores dos parâmetros do modelo Falguera–Ibarz (média de três repetições±desvio padrão)

Falguera–Ibarz: $\eta_a = \eta_\infty + (\eta_0 - \eta_\infty) \cdot \gamma^{(-k)}$			
T [°C]	η_∞ [Pa·s]	η_0 [Pa·s]	k
0	0.011±0.001	1.207±0.050	0.774±0.004
20	0.008±0.000	1.114±0.039	0.807±0.005
40	0.006±0.000	0.894±0.015	0.807±0.008
60	0.004±0.000	0.668±0.009	0.772±0.010
80	0.003±0.000	0.519±0.007	0.719±0.006

Os valores obtidos de tensão de escoamento (σ_0), índice de comportamento de fluxo (n) e índice de consistência (k) aproximam-se daqueles descritos na literatura para produtos frutíferos como polpas de açaí e jabuticaba e sucos de cenoura e amora (Tabela 4.6). O índice de comportamento do fluxo (n) é considerado relativamente constante com a temperatura [87], conforme ilustrado na Tabela 4.4. Possibilita a utilização de um valor constante igual à média na faixa de temperatura avaliada (0,563).

A tensão de escoamento e o decaimento do índice de consistência (k) com a temperatura foram modelados de acordo com o modelo de Arrhenius (Eq. 4.7, onde cada parâmetro A é modelado por um fator pré-exponencial - A_0, e a energia de ativação - E_a; R é a constante do ideal gases, e T é a temperatura absoluta, ou seja, em K). Os parâmetros do modelo Herschel-Bulkley em função da temperatura são mostrados na Tabela 4.7. As regressões R2 foram superiores a 0,90.

Como esperado, os valores da viscosidade aparente inicial (η_0) e de equilíbrio (η_∞) decaem com a temperatura no modelo Falguera-Ibarz. O valor de k tende a apresentar uma pequena variação próxima de um valor médio. Conforme sugerido por Falguera e Ibarz [78], a viscosidade aparente do suco de tomate foi modelada de acordo com o modelo de Arrhenius. O parâmetro pré-exponencial (A_0) e a energia de ativação (E_a) foram avaliados como potência e função logarítmica da taxa de cisalhamento (Tabela 4.7). As regressões R^2foram superiores a 0,98. Conforme demonstrado na Tabela 4.8, as energias de ativação obtidas são próximas daquelas relatadas para produtos de frutas.

$$A = A_0 \exp\left(\frac{E_a}{R \cdot T}\right) (4.7)$$

Os dados experimentais foram bem descritos pelos dois modelos avaliados, como se pode perceber pelos valores de a e R^2 foram sempre superiores a 0,96, enquanto os valores de b foram sempre inferiores a 0,2 (Tabela 4.9). Os resultados demonstraram que ambos os modelos podem ser usados com sucesso
para descrever o comportamento do fluxo do suco de tomate [88-0,95]

Tabela 4.6 Valores para os parâmetros de Herschel-Bulkley para produtos de frutas

Product	T [°C]	σ_0 [Pa]	k [Pa·s^n]	n	Reference
Tomato juice	20	0.94	0.19	0.56	Present work
Carrot juice	20	0.478	0.031	0.648	Vandresen et al. (2009)
Blackberry juice	20	0.29	1.12	0.44	Haminiuk et al. (2006)
Jabuticaba pulp	25	1.55	0.477	0.599	Sato and Cunha (2009)
Açai pulp	25	4.35	0.17	0.78	Tonon et al. (2009)

Tabela 4.7 Valores dos parâmetros da equação de Arrhenius no modelo Herschel–Bulkley e Falguera–Ibarz (média de três repetições±desvio padrão)

Parameter	A_0	Ea [J·mol^{-1}]	R^2
Herschel–Bulkley: $\sigma = \sigma_0 + k \cdot \gamma^{(n)}$			
σ_0 (Pa)	0.042	7,274.8	0.907
k (Pa·s^n)	0.010	7,353.3	0.955
n	0.56	Mean value	
Falguera-Ibarz: $\eta_a = \eta_\infty + (\eta_0 - \eta_\infty) \cdot \gamma^{(-k)}$			
$\eta_a = f(\gamma)$	$0.0556 \cdot \gamma^{-0.7846}$	$677.3 \cdot \ln(\gamma)+4{,}521.8$	0.999 (A_0)
50 s^{-1}<γ<500 s^{-1}			0.981 (Ea)

Tabela 4.8 Energia de ativação (Ea) do modelo de Arrhenius (A = $A_0 \cdot$ exp (Ea/R·T)) para o índice de consistência (k) e viscosidade aparente (η_a) em produtos de frutas

Product	$Ea_{(k)}$ [J·mol^{-1}]	$Ea_{(\eta_a)}$ [J·mol^{-1}]	Reference
Tomato juice	7,353.3	7,389.9–8,798.5 (10–500 s^{-1})	Present work
Acerola juice	-	7,482–14,630 (100 s^{-1})	Silva et al. (2005)
Tomato paste	8,600–13,000	-	Dak et al. (2008)
Reconstituted tomato concentrates	7,360–3,630	-	Barbana and El-Omri (2010)
Jabuticaba pulp	13,000	9,446.8 (100 s^{-1})	Sato and Cunha (2007)
Açai pulp	-	6,210 (100 s^{-1})	Tonon et al. (2009)

Tabela 4.9 Valores dos parâmetros a, b e R^2da regressão dos valores experimentais versus os obtidos pelos modelos em função da temperatura

Model	*a*	*b*	R^2
Herschel–Bulkley	0.965	0.195	0.993
Falguera–Ibarz	0.976	0.001	0.994

IV.4. Conclusões

O presente trabalho avaliou as propriedades reológicas dependentes do tempo de um suco de tomate comercial. Três modelos foram utilizados para descrever a queda da tensão de cisalhamento durante o cisalhamento (Figoni e Shoemaker, Weltman e Hahn, Ree e Eyring). Os parâmetros de cada modelo foram empiricamente relacionados com a taxa de cisalhamento. Em seguida, o comportamento de cisalhamento do produto em estado estacionário foi avaliado usando os modelos Herschel-Bulkley e Falguera-Ibarz. O suco de tomate foi caracterizado como um fluido tixotrópico, com comportamento pseudoplástico com tensão de escoamento. Suas propriedades reológicas foram próximas daquelas relatadas anteriormente na literatura para outros produtos de frutas. Todos os modelos avaliados descreveram bem os valores experimentais, contribuindo para os estudos de propriedades físicas dos alimentos e desenho de processos.

Referência

1. Queiroz AJM, Vidal JRMB, Gasparetto CA: Armazenamento e processamento de produtos agrícola – Influência de diferentes teores de sólidos insolúveis suspensos nas características reológicas de sucos de abacaxi naturais e despectinizados. Revista Brasileira de Engenharia Agrícola e Ambiental 4 (2000) 75-79.

2.Vidal JRMB, Pelegrine DH, Gasparetto CA: Efeito da temperatura no comportamento reológico da polpa de manga (mangífera indica l-keitt). Ciência e Tecnologia de Alimentos 24 (2004) 39-42.

3. Pelegrine DH, Vidal JRMB, Gasparetto CA: .Estudo da ocorrência aparente das polpas de manga (keitt) e abacaxi (pérola). Ciência e Tecnologia de Alimentos 20 (2000) 128-131.

4. Branco IG, Gasparetto CA: Aplicação da metodologia de superfície de resposta para o estudo do efeito da temperatura sobre o comportamento reológico de misturas ternárias de polpa de manga e sucos de laranja e cenoura. Ciência e Tecnologia de Alimentos 23 (2003) 166-171.

5. Vendrúsculo AT: Comportamento reológico e estabilidade física da polpa de carambola (Averrhoa Carambola L.). Dissertação de mestrado. EQA/UFSC (2005) Florianópolis, Brasil.

6. Skelland AHP: Escoamento Não Newtoniano e Transferência de Calor. Wiley (1967) Nova York.

7. Yu C, Gunasekaran S: Correlação de viscosidades dinâmicas e constantes de materiais alimentares. Reologia Aplicada 11 (2001) 134-140.

8. Holdsworth SD: Aplicabilidade de modelos reológicos à interpretação do fluxo e comportamento de processamento de produtos fluidos. Jornal de Estudos de Textura 2 (1971) 393-418.

9. Rao MA: Reologia de Fluidos Fluidos e Semissólidos – Princípios e Aplicações. (1999) Gaithersburg, MA.

10. Pandolfelli VC et al.: Dispersão e empacotamento de partículas, princípios e aplicações em processamento cerâmico. Fazendo Arte (São Paulo) 2000.

11. Ericksson J, Bolmstedt U, Axelsson A: Avaliação de um impulsor de fita helicoidal como dispositivo de medição de viscosidade para alimentos fluidos com partículas. Reologia Aplicada 12 (2002) 303-308.

12. Associação de Químicos Analíticos Oficiais: Métodos Oficiais de Análise. 12. ed. AOAC (1975)Washington.

13. Perona P: Grau de Bostwick e propriedades reológicas: um ponto de vista atualizado. Apl. Reol. 15 (2005) 218-229.
14. Junus S, Briggs JL: Sistema de sensor de palhetas em testes oscilatórios de pequenas deformações. Apl. Reol. 11 (2001) 264-270.
15. Whitaker J: Manual de Enzimologia. Marcel Dekker (2002) Nova York.
16. Cheftel JC, Cheftel H: Introdução à Bioquímica e Tecnologia dos Alimentos. 2. ed. V.1. Acribia (1992) Saragoça.
17. Binner S, Jardine WG, Renard CMG, Jarvis MC: Modificações na parede celular durante o cozimento de batatas e batatas doces. Jornal de Ciência da Alimentação e Agricultura 80 (2000) 216-218.
18. Ng A, Waldron KW: Efeito do cozimento a vapor na química da parede celular de batatas (solanum tuberosum) em relação à firmeza. Jornal de Química Agrícola e Alimentar 45 (2002) 3411-3418.
19. Novozymes (2004). Acessado em: http://www.novozymes.com.
20. Pereira LTP; Beléia AP: Isolamento, fracionamento e caracterização de paredes celulares de raízes de mandioca (manihot esculenta, crantz). Ciência e Tecnologia de Alimentos 24 (2004) 59-63.
21. Servais C, Jones R, Roberts I: A influência da distribuição do tamanho das partículas no processamento de alimentos. Jornal de Engenharia de Alimentos 51 (2002) 201-208.
22. Mizrahi S, Berk Z: Comportamento do fluxo de suco de laranja concentrado: tratamento matemático. Journal of Texture Studies 3 (1971) 69-79.
23. Crandall PG, Chen CS, Carter RD: Modelos para prever a viscosidade do concentrado de suco de laranja. Tecnologia Alimentar 5 (1982) 245-252.
24. Rao MA, Cooley HJ, Vitali AA: Propriedades de fluxo de sucos concentrados em baixas temperaturas. Tecnologia Alimentar 38 (1984) 113-119.
25. Zuritz CA, Muñoz Puntes E, Mathey HH, Pérez EH, Gascón A, Rubio LA, Carullo CA, Chernikoff RE, Cabeza MS: Densidade, viscosidade e coeficiente de expansão térmica de suco de uva claro em diferentes concentrações e temperaturas de sólidos solúveis. Jornal de Engenharia de Alimentos 71 (2005) 143-149.
26. Giner J, Ibarz A, Garza S, Xhian-Quan S: Reologia de sucos de cereja clarificados. Jornal de Engenharia de Alimentos 30 (1996) 147-154
27. Zeraik, ML; Serteyn, D.; Deby-Dupont, G.; Wauters, JN; Mamas, M.; Yariwake, JH; Angenot, L.; Franck, T. Avaliação da atividade antioxidante de extratos de maracujá

(Passiflora edulis e Passiflora alata) em neutrófilos estimulados e ensaios de atividade mieloperoxidase. Química Alimentar. **2011** , 128, 259–265.

28. Laboissière, LHES; Deliza, R.; Barros-Marcellini, AM; Rosenthal, A.; Camargo, LMAQ; Junqueira, RG Efeitos da alta pressão hidrostática (PAH) nas características sensoriais do suco de maracujá amarelo. Inovar. Ciência Alimentar. Emergir. Tecnologia. **2007** , 8, 469–477.

29. Wijeratnam, SW Maracujá; Caballero, B., Finglas, PM, Toldrá, F., Eds.; Academic Press: Oxford, Reino Unido, 2016; págs. 230–234.

30. Coelho, EM; Gomes, RG; Machado, BAS; Oliveira, RS; dos Santos Lima, M.; de Azêvedo, LC; Guez, MAU Farinha de casca de maracujá – Propriedades tecnológicas e aplicação em produtos alimentícios. Hidrocolagem Alimentar. **2017** , 62, 158–164.

31. de Oliveira, CF; Giordani, D.; Lutckemier, R.; Gurak, PD; Cladera-Olivera, F.; Marczak, LDF Extração de pectina da casca de maracujá assistida por ultrassom. LWT-Food Sci. Tecnologia. **2016** , 71, 110–115.

32. López-Vargas, JH; Fernández-López, J.; Pérez-Álvarez, JA; Viuda-Martos, M. Propriedades químicas, físico-químicas, tecnológicas, antibacterianas e antioxidantes da fibra alimentar em pó obtida do maracujá amarelo (Passiflora edulis var. flavicarpa) coprodutos. Alimentos Res. Internacional **2013** , 51, 756–763.

33. Seixas, FL; Fukuda, DL; Turbiani, FRB; Garcia, PS; Petkowicz, CLdO; Jagadevan, S.; Gimenes, ML Extração de pectina da casca de maracujá (Passiflora edulis f.flavicarpa) por aquecimento induzido por micro-ondas. Hidrocolagem Alimentar. **2014** , 38, 186–192.

34. Ayala-Zavala, JF; Vega-Vega, V.; Rosas-Domínguez, C.; Palafox-Carlos, H.; Villa-Rodriguez, JA; Siddiqui, MW; Dávila-Aviña, JE; González-Aguilar, GA Potencial agroindustrial de subprodutos de frutas exóticas como fonte de aditivos alimentares. Alimentos Res. Internacional **2011** , 44, 1866–1874.

35. Mudgil, D.; Barak, S. Capítulo 2—Classificação, Propriedades Tecnológicas e Fontes Sustentáveis. Em Fibra Alimentar: Propriedades, Recuperação e Aplicações; Galanakis, CM, Ed.; Academic Press: Cambridge, MA, EUA, 2019; págs. 27–58.

36. Barbosa-Cánovas, GV; Ibarz, A. Operações Unitárias na Engenharia *de* Alimentos; Mundi-Prensa: Madrid, Espanha, 2005.

37. Díaz-Ocampo, R.; Sánchez, R.; Franco, JM Reologia de formulações comerciais e modelo de geléia de borojó. Internacional **2014** , 17, 791–805.

38. Steffe, JF Métodos Reológicos em Engenharia de Processos Alimentares; Freeman Press: Dallas, TX, EUA, 1992.

39.Matos, A.; Aguilar, D. Influência da Temperatura e Concentração sobre o Comportamento Reológico da Polpa de Atum (Opuntia ficus Indica). Rev. Ciência. Tecnol. Alimento. **2010** , 1, 8. Disponível on-line: https://revistas.upeu.edu.pe/index.php/ ri_alimentos/article/view/820/788 (acessado em 3 de fevereiro de 2022).

40. De Mello, FR; Bernardo, C.; Dias, CO; Züge, LCB; Silveira, JLM .; Amante, ER; Candido, LMB Avaliação das características químicas e comportamento reológico da casca da pitaya (Hylocereus undatus). Frutas **2014** , 69, 381–390.

41. Ocampo, RD; Zapateiro, LG; Gómez, JMF; Torres, CV Caracterização bromatológica, fisicoquímica microbiológica e reológica da polpa de borojó (Borojoa patinoi Cuatrec). Ciência. Tecnol. **2012** , 5, 17–24.

42. Vandresen, S.; Quadri, MGN; de Souza, JAR; Hotza, D. Efeito da temperatura no comportamento reológico de sucos de cenoura. J. Eng. de Alimentos. **2009** , 92, 269–274.

43. Santos, M.; Correia, C.; Petkowicz, C.; Candido, L. Avaliação do Potencial Tecnológico da Fruta Gabiroba [Campomanesia xanthocarpa Berg]. J. Nutr. Ciência Alimentar. **2012** , 2, 1–7.

44. Andrade, RD; Torres, R.; Montes, EJ; Pérez, OA; Restan, LE; Peña, RE Efeito da temperatura no comportamento reológico da polpa de níspero (Achras sapota L.). Rev. Agro. **2009** , 26, 599–612.

45. Deng, Z.; Pan, Y.; Chen, W.; Chen, W.; Yun, Y.; Zhong, Q.; Zhang, W.; Chen, H. Efeitos do cultivar e da região de crescimento nas características estruturais, emulsificantes e reológicas da pectina da casca de manga. Hidrocolagem Alimentar. **2020** , 103, 105707.

46. Wang, W.; Mãe, X.; Jiang, P.; Hu, L.; Zhi, Z.; Chen, J.; Ding, T.; Sim, X.; Liu, D. Caracterização da pectina da casca de toranja: uma comparação entre extrações por aquecimento convencional e assistidas por ultrassom. Hidrocolagem Alimentar. **2016** , 61, 730–739.

47.Yang, X.; Nisar, T.; Hou, Y.; Gou, X.; Sol, L.; Guo, Y. A pectina da casca de romã pode ser usada como um emulsificante eficaz. Hidrocolagem Alimentar. **2018** , 85, 30–38.

48. Barbieri, SF; Petkowicz, CLd; de Godoy, RCB; de Azeredo, HCM; Franco, CRC; Silveira, JLM Polpa e Doce de Gabiroba (Campomanesia xanthocarpa Berg): Caracterização e Propriedades Reológicas. Química Alimentar. **2018** , 263, 292–299.

49. Villacorta, LM; Vásquez, CP; Jara, RS Efeito da temperatura e concentração de sólidos solúveis sobre as propriedades reológicas da polpa de guanábana (Annona muricata L.). Pueblo Cont. **2012** , 23, 113–124. Disponível on-line: http://journal.upao. edu.pe/PuebloContinente/article/view/356/323 (acessado em 3 de fevereiro de 2022).

50. Dutta, D.; Dutta, A.; Raychaudhuri, U.; Chakraborty, R. Características reológicas e cinética de degradação térmica do betacaroteno em purê de abóbora. J. Eng. de Alimentos. **2006** , 76, 538–546.

51. Andrade, R.; Ortega, FA; Montes, EJ; Torres, R.; Pérez, OA; Castro, M.; Gutiérrez, LA Caracterização Fisicoquímica e Reológica da polpa de goiaba (Psidium guajava L.) variedades híbridas de Klom Sali, Porto Rico, D14 e vermelho. Vitae **2009** , 16, 13–18.

52. Andrade, R.; Torres, R.; Montes, EJ; Pérez, OA; Bustamante, CE; Mora, BB Efeito da temperatura no comportamento reológico da polpa de zapote (Calocarpum sapota Merr). Rev. Fac. Ing. Univ. Zulia **2010** , 33, 138–144.

53. Ortega, FA; Salcedo, E.; Arrieta, R.; Torres, R. Efeito da temperatura e concentração sobre as propriedades reológicas da polpa de manga variada, de Tommy Atkins. Rev.

54. Abboud, KY; Iacomini, M.; Simas, FF; Cordeiro, LMC A pectina com alto teor de metoxil da fibra alimentar solúvel da casca do maracujá forma um gel fraco sem a necessidade de adição de açúcar. Carboidrato. Polim. **2020** , 246, 116616.

55. Lundberg, B.; Pan, X.; Branco, A.; Chau, H.; Hotchkiss, A. Reologia e composição da fibra cítrica. J. Eng. de Alimentos. **2014** , 125, 97–104.

56. Gómez-Díaz, D.; Navaza, JM; Quintáns-Riveiro, LC Viscosidade intrínseca e comportamento de fluxo de soluções aquosas de goma arábica. Internacional 2008 **,** 11, 773–780.

57. Rasidek, NAM; Nordin, MFM; Iwamoto, K.; Rahman, NA; Nagatsu, Y.; Tokuyama, H. Modelos de fluxo reológico de geléias de pectina com casca de banana afetadas pela concentração de açúcar. Internacional **2018** , 21, 2087–2099.

58. Muñoz-Puentes, E.; Rubio, LA; Cabeza, MS Comportamento de fluxo e caracterização físico-química de polpas de durazno. Ciência. Agropecu. **2012** , 3, 107–116.

59. Koocheki, A.; Ghandi, A.; Razavi, SM; Mortazavi, SA; Vasiljevic, T. As propriedades reológicas do ketchup em função de diferentes hidrocolóides e temperatura. Internacional J. Ciência Alimentar. Tecnologia. **2009** , 44, 596–602.

60. Mubarok, Arizona; Ananda, FY Efeito da concentração de farinha de porang e da temperatura nas propriedades reológicas do ketchup de tomate. Conferência IOP. Ser. Meio Ambiente da Terra. Ciência. **2020** , 475, 012034.

61. do Nascimento, GE; Iacomini, M.; Cordeiro, LMC Um estudo comparativo da mucilagem e polissacarídeos da polpa do tamarillo (Solanum betaceum Cav.). Fisiol Vegetal. Bioquímica. **2016** , 104, 278–283.

62. Ramos, AM; Ibarz, A. Comportamento viscoelástico de polpa de membro em função da concentração de sólidos solúveis. Ciência Alimentar. Tecnologia. **2006** , 26, 214–219.

63. Lozano, EJ; Andrade, R.D.; Salcedo, JG Propriedades funcionais e reológicas da mucilagem do inhame (Dioscorea rotundata). Av. J. Ciência Alimentar. Tecnologia. **2018** , 15, 134–142.

64. Nisha, P., Singhal, RS, Pandit, AB (2010). Modelagem cinética da degradação da cor em purê de tomate (Lycopersicon esculentum L.). Tecnologia de Alimentos e Bioprocessos. doi: 10.1007/s11947-009-0300-1 .

65. Bayod, E., Mansson, P., Innings, F., Bergenstahl, B., & Tornberg, E. (2007). Reologia de baixo cisalhamento de produtos concentrados de tomate. Efeito do tamanho das partículas e do tempo. Biofísica Alimentar, 2, 146–157.

66. Ramos, AM e Ibarz, A. (1998). Tixotropia de concentrado de laranja e purê de marmelo. Jornal de Estudos de Textura, 29, 313–324.

67. Cepeda, E., Villarán, MC, & Ibarz, A. (1999). Propriedades reológicas do suco turvo e clarificado de Malus floribunda em função da concentração e da temperatura. Jornal de Estudos de Textura, 30, 481–491.

68. Hayes, WA, Smith, PG e Morris, AEJ (1998). A produção e qualidade de concentrados de tomate. Revisões Críticas em Ciência Alimentar e Nutrição, 38(7), 537–564.

69. Mizrahi, S. (1997). Desbaste e espessamento irreversíveis do suco de tomate. Jornal de Processo e Preservação de Alimentos, 21, 267–277.

70. Tiziani, S., & Vodovotz, Y. (2005a). Caracterização reológica de um novo alimento funcional: suco de tomate com gérmen de soja. Jornal de Química Agrícola e Alimentar, 53, 7267–7273.

71. Vercet, A., Sánchez, C., Burgos, J., Montañés, L., & Buesa, PL (2002). Os efeitos da mantermosonicação nas enzimas pécticas do tomate e nas propriedades reológicas da pasta de tomate. Jornal de Engenharia de Alimentos, 53, 273–278.

72. Tiziani, S., & Vodovotz, Y. (2005b). Efeitos reológicos da adição de proteína de soja ao suco de tomate. Hidrocolóides Alimentares, 19(1), 45–52.

73. Falguera, V., Vélez-Ruiz, JF, Alins, V., & Ibarz, A. (2010). Comportamento reológico do suco concentrado de tangerina a baixas temperaturas. Jornal Internacional de Ciência e Tecnologia de Alimentos, 45, 2194–2200.

74. Ibarz, A., & Barbosa-Cánovas, GV (2003). Operações unitárias em engenharia de alimentos. Boca Raton: CRC. Lozano, JE e Ibarz, A. (1994). Comportamento tixotrópico de polpas concentradas de frutas. LWT Ciência e Tecnologia de Alimentos, 27, 16–18.

75. Figoni, PI e Shoemaker, CF (1983). Caracterização das propriedades de fluxo dependentes do tempo da maionese sob cisalhamento constante. Jornal de Estudos de Textura, 14, 431–442.

76. Weltman, RN (1943). Quebra da estrutura tixotrópica em função do tempo. Jornal de Física Aplicada, 14, 343–350.

77. Hahn, SJ, Ree, T., & Eyring, H. (1959). Mecanismo de fluxo de substâncias tixotrópicas. Química Industrial e de Engenharia, 51, 856–8 57.

78. Falguera,V.,&Ibarz, A. (2010). Um novo modelo para descrever o comportamento do fluxo de suco de laranja concentrado. Biofísica Alimentar, 5, 114–119.

79. Altan, A., Kus, S. e Kaya, A. (2005). Comportamento reológico e caracterização dependente do tempo do suco de gilaboru (Viburnum opulus L.). Ciência e Tecnologia Alimentar Internacional, 11(2), 129–137.

80. Abu-Jdayil, B., Banat, F., Jumah, R., Al-Asheh, S., & Hammad, SA (2004). estudo comparativo das características reológicas de soluções de extrato de tomate e tomate em pó. Jornal Internacional de Propriedades Alimentares, 7(3), 483–497.

81. Basu, S., Shivharey, EUA, Raghavan, GSV (2007). Características reológicas dependentes do tempo da geléia de abacaxi. Revista Internacional de Engenharia de Alimentos, 3(3), artigo 1

82. Ravi, R. e Bhattacharya, S. (2006). As características reológicas dependentes do tempo de uma dispersão de farinha de grão de bico em função da temperatura e da taxa de cisalhamento. Jornal Internacional de Ciência e Tecnologia de Alimentos, 41, 751–756.

83. Choi, YH e Yoo, B. (2004). Caracterização das propriedades de fluxo dependentes do tempo de suspensões alimentares. Jornal Internacional de Ciência e Tecnologia de Alimentos, 39, 801–805.

84. Genovese, DB e Rao, MA (2005). Componentes da tensão de escoamento das palhetas de dispersões alimentares estruturadas. Jornal de Ciência Alimentar, 70 (8), E498–E504.

85. Tabilo-Munizaga, G., & Barbosa-Cánovas, GV (2005). Reologia para a indústria alimentícia. Jornal de Engenharia de Alimentos, 67, 147–156.

86. Sun, A. e Gunasekaran, S. (2009). Tensão de produção em alimentos: medidas e aplicações. Jornal Internacional de Propriedades Alimentares, 12, 70–101.

87. Rao, MA (1999). Modelos funcionais e de fluxo para propriedades reológicas de alimentos fluidos. Em MA Rao (Ed.), Reologia de alimentos fluidos e semissólidos: princípios e aplicações. Gaithersburg: Aspen.

88.Barbana, C. e El-Omri, A. (2010). Comportamento viscométrico do concentrado de tomate reconstituído. Tecnologia de Alimentos e Bioprocessos. doi: 10.1007/s11947-009-0270-3 .

89. Dak, M., Verma, RC, Jaaffrey, SNA (2008). Propriedades reológicas do concentrado de tomate. Revista Internacional de Engenharia de Alimentos, 4(7), artigo 11.

90. Haminiuk, CWI, Sierakowski, MR, Izidoro, DR, & Masson, ML (2006). Caracterização reológica da polpa de amora-preta. Revista Brasileira de Tecnologia de Alimentos, 9(4), 291–296.

91. Sato, A. CK e Cunha, RL (2007). Influência da temperatura no comportamento reológico da polpa de jabuticaba. Ciência e Tecnologia de Alimentos, 27(4), 890–896.

92. Sato, ACK e Cunha, RL (2009). Efeito do tamanho de partícula nas propriedades reológicas da polpa de jabuticaba. Jornal de Engenharia de Alimentos, 91, 566–570.

93. Silva, FC, Guimarães, DHP, & Gasparetto, CA (2005). Reologia do suco de acerola: efeitos da concentração e da temperatura. Ciência Tecnologia de Alimentos, 25(1), 121–126. em português.

94. Tonon, RV, Alexandre, D., Hubinger, MD, & Cunha, RL (2009). Propriedades reológicas de cisalhamento constante e dinâmica da polpa de açaí (Euterpe oleraceae Mart.). Jornal de Engenharia de Alimentos, 92, 425–431.

95. Vandresen, S., Quadri, MGN, Souza, JAR, & Hotza, D. (2009). Efeito da temperatura no comportamento reológico de sucos de cenoura. Jornal de Engenharia de Alimentos, 92, 269–274.

Printed by Books on Demand GmbH, Norderstedt / Germany